全国技工院校工学一体化技能人才培养模式
数控加工专业教材

U0213137

零件普通铣床加工
学习任务集

崔兆华◎主编

中国劳动社会保障出版社

简介

本书的主要内容包括：挡板普通铣床加工、台阶键普通铣床加工、定位块普通铣床加工、V 形块普通铣床加工、塞规普通铣床加工、V 形卡块普通铣床加工、半径座普通铣床加工、可调转接板普通铣床加工、镶块普通铣床加工、双凹凸槽件普通铣床加工、V 形定位块普通铣床加工、十字槽件普通铣床加工、对接组合件普通铣床加工、支承座普通铣床加工、端盖普通铣床加工等。

本书由崔兆华任主编，马苍平、孙喜兵、王蕾、邵明玲参加编写，付荣任主审。

图书在版编目（CIP）数据

零件普通铣床加工学习任务集 / 崔兆华主编 .
北京 : 中国劳动社会保障出版社，2024. --（全国技工院校工学一体化技能人才培养模式数控加工专业教材）.
ISBN 978-7-5167-5341-5

Ⅰ. TG540. 6

中国国家版本馆 CIP 数据核字第 2024ML5050 号

中国劳动社会保障出版社出版发行

（北京市惠新东街 1 号　邮政编码：100029）

*

北京市白帆印务有限公司印刷装订　　新华书店经销

880 毫米 ×1230 毫米　16 开本　4.75 印张　116 千字

2024 年 10 月第 1 版　　2024 年 10 月第 1 次印刷

定价：15.00 元

营销中心电话：400-606-6496

出版社网址：http://www.class.com.cn

http://jg.class.com.cn

版权专有　　侵权必究

如有印装差错，请与本社联系调换：（010）81211666

我社将与版权执法机关配合，大力打击盗印、销售和使用盗版图书活动，敬请广大读者协助举报，经查实将给予举报者奖励。

举报电话：（010）64954652

目　录

学习任务1　挡板普通铣床加工

一、工作情境描述

某企业接到一批挡板（图 1–1）的加工订单，数量为 30 件，毛坯尺寸为 105 mm × 35 mm × 50 mm，材料为 45 钢，工期为 5 天，来料加工。现生产部门安排铣工组完成此生产任务。

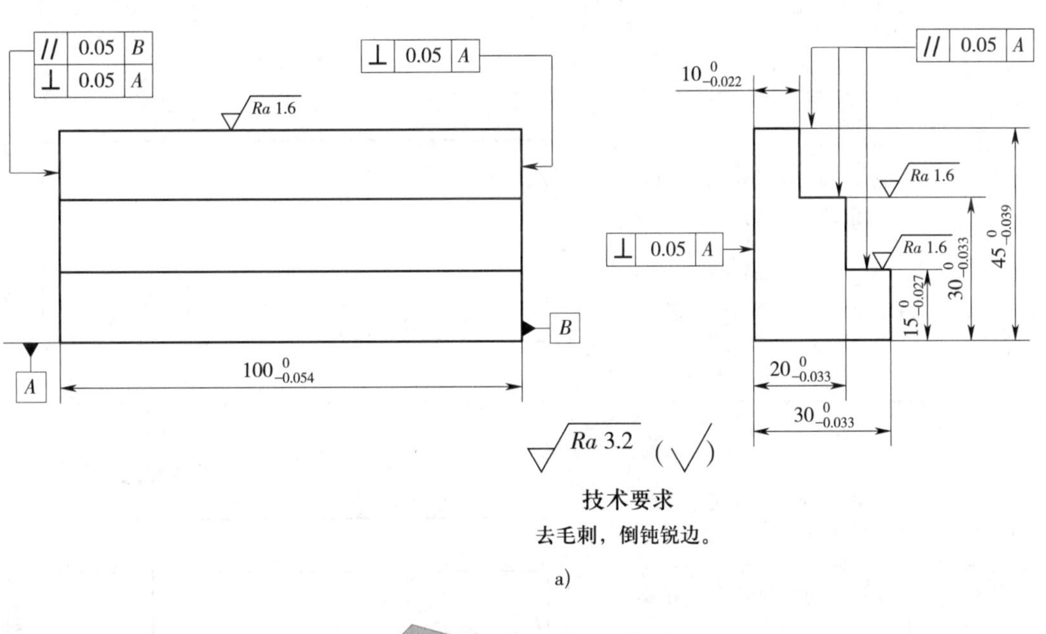

a)

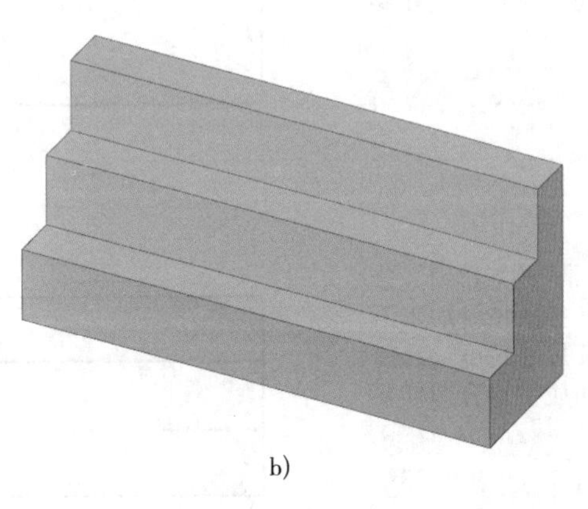

b)

图 1–1　挡板

a）零件图　b）实体图

二、加工工艺过程

挡板的加工工艺过程见表 1–1。

表 1–1 **挡板的加工工艺过程**

工序	工步	加工内容	图示
1. 铣削长方体	（1）粗加工长方体	用精度高的机用虎钳装夹工件，并用百分表找正。用面铣刀按照面 1→面 2→面 3→面 4→面 5→面 6 的顺序依次粗加工长方体各面至尺寸 100.5 mm × 30.5 mm × 45.5 mm 加工过程中要严格控制加工表面的表面质量、相邻平面的垂直度、相对平面的平行度	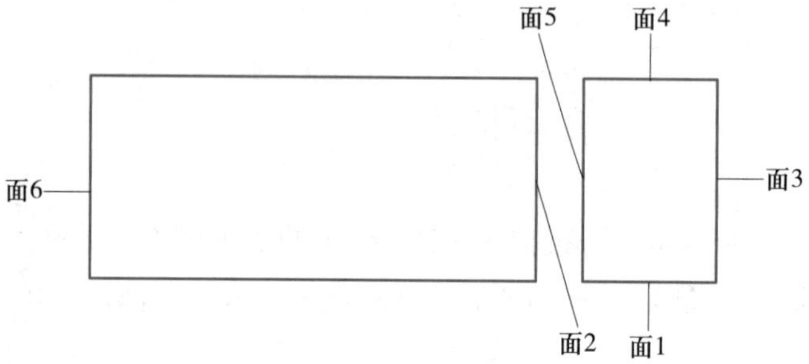 面5 面4 面6 面3 面2 面1
	（2）精加工长方体	按照粗加工的加工顺序，精加工长方体至尺寸 $100_{-0.054}^{\ 0}$ mm × $30_{-0.033}^{\ 0}$ mm × $45_{-0.039}^{\ 0}$ mm，保证几何精度和表面质量符合图样要求	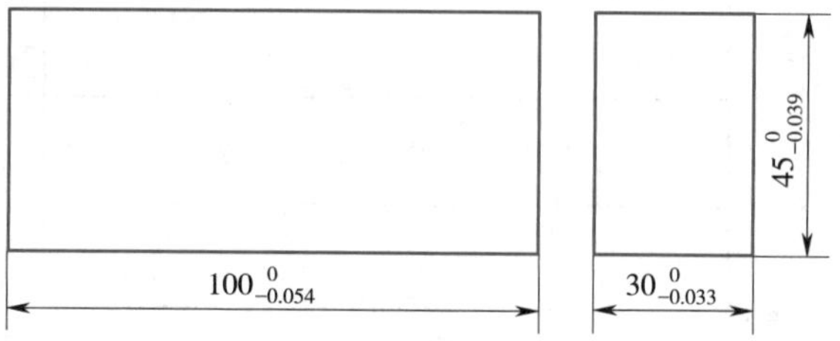 $45_{-0.039}^{\ 0}$ $100_{-0.054}^{\ 0}$ $30_{-0.033}^{\ 0}$
2. 加工台阶	（1）粗、精加工上台阶	用 ϕ30 mm 的立铣刀，分三次粗铣和一次精铣加工上台阶，保证尺寸精度、几何精度和表面质量符合图样要求	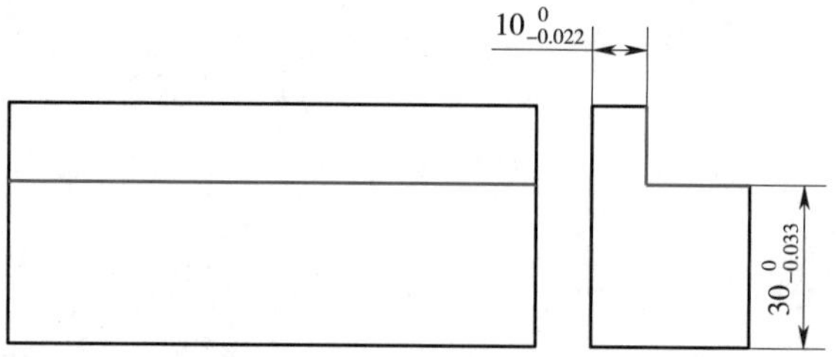 $10_{-0.022}^{\ 0}$ $30_{-0.033}^{\ 0}$
	（2）粗、精加工下台阶	用 ϕ30 mm 的立铣刀，分三次粗铣和一次精铣加工下台阶，保证尺寸精度、几何精度和表面质量符合图样要求	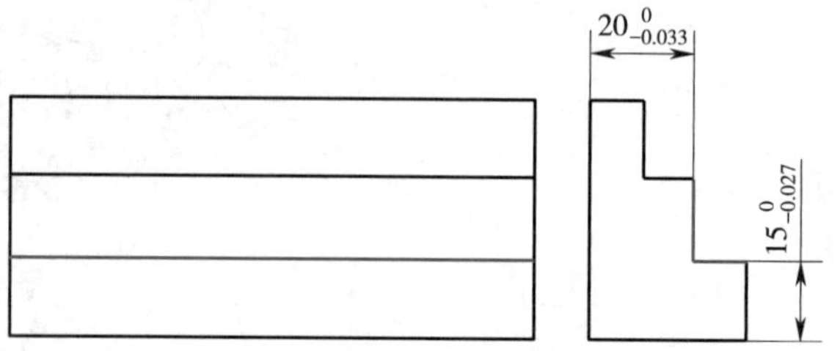 $20_{-0.033}^{\ 0}$ $15_{-0.027}^{\ 0}$
3. 检验		按零件图样尺寸进行检验	

三、加工质量检测

表 1–2 为挡板加工质量检测表。

表 1–2　　　　　　　　　　挡板加工质量检测表

序号	考核项目	配分	考核内容及要求	评分标准	检测结果	得分
1	主要尺寸（70 分）	6	$100_{-0.054}^{0}$ mm	超差不得分		
2		2×6	$30_{-0.033}^{0}$ mm（2 处）	超差不得分		
3		6	$20_{-0.033}^{0}$ mm	超差不得分		
4		6	$15_{-0.027}^{0}$ mm	超差不得分		
5		6	$45_{-0.039}^{0}$ mm	超差不得分		
6		6	$10_{-0.022}^{0}$ mm	超差不得分		
7		3×4	// 0.05 *A*（3 处）	超差不得分		
8		3×4	⊥ 0.05 *A*（3 处）	超差不得分		
9		4	// 0.05 *B*	超差不得分		
10	表面粗糙度（16 分）	3×3	*Ra*1.6 μm（3 处）	降级不得分		
11		7×1	*Ra*3.2 μm（7 处）	降级不得分		
12	主观评分（11 分）	4.5	已加工零件倒钝锐边、去毛刺符合图样要求，否则不得分			
13		3.5	已加工零件无划伤、碰伤和夹伤，否则不得分			
14		3	已加工零件与图样外形一致，否则不得分			
15	更换或添加毛坯（3 分）	3	更换或添加毛坯不得分			
16	职业素养	倒扣分	能正确穿戴工作服、工作鞋、安全帽和防护眼镜等个人防护用品，每违反一项倒扣 2 分			
17			能规范使用设备、工具、量具和辅具，每违反操作规范一次倒扣 2 分			
18			能做好设备清理、保养工作，未清理或未保养倒扣 3 分，清理或保养不彻底倒扣 2 分			
总配分		100	总得分			

学习任务 2　台阶键普通铣床加工

一、工作情境描述

某企业接到一批台阶键（图 2-1）的加工订单，数量为 30 件，毛坯为 266 mm × 44 mm × 36 mm 块料，材料为 45 钢，工期为 5 天，来料加工。现生产部门安排铣工组完成此生产任务。

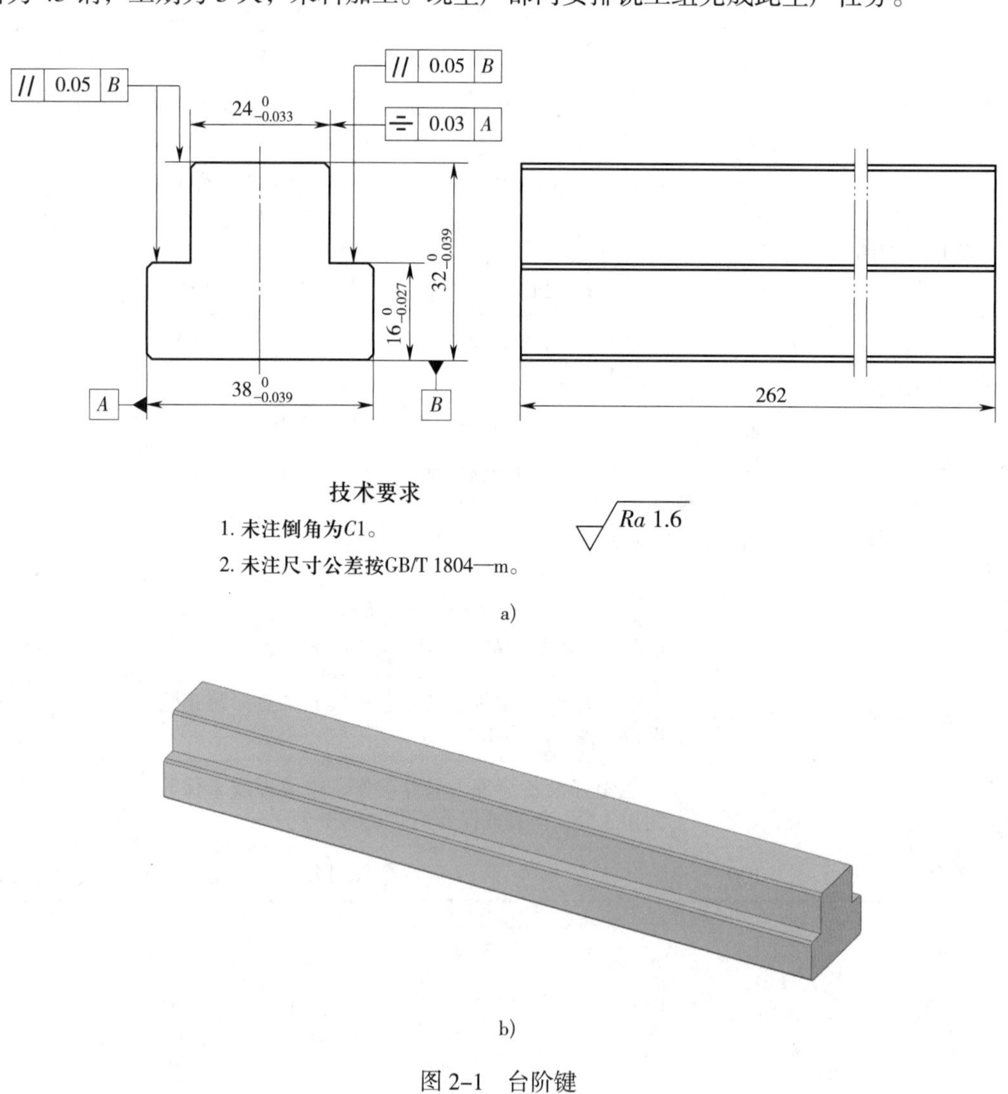

a）

b）

图 2-1　台阶键
a）零件图　b）实体图

二、加工工艺过程

台阶键的加工工艺过程见表 2–1。

表 2–1　　台阶键的加工工艺过程

工序	工步	加工内容	图示
1. 铣削长方体		用机用虎钳装夹工件，并用百分表找正。按照长方体铣削步骤，用面铣刀粗、精铣长方体，保证尺寸精度、几何精度和表面质量符合图样要求	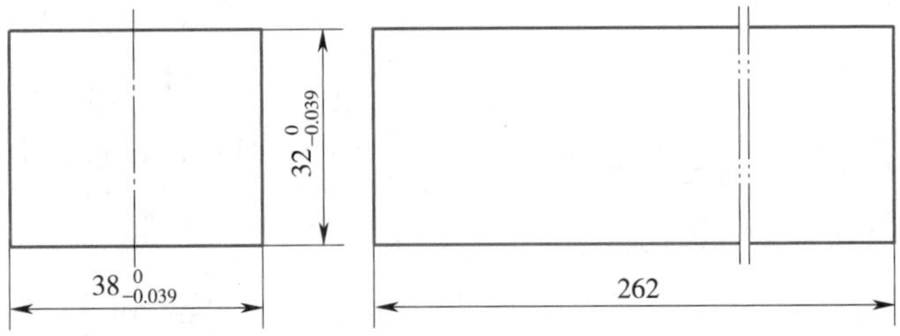 $32^{0}_{-0.039}$　$38^{0}_{-0.039}$　262
2. 铣削台阶	（1）铣削右侧台阶	用 ϕ20 mm 立铣刀粗、精铣右侧台阶，使其符合图样要求	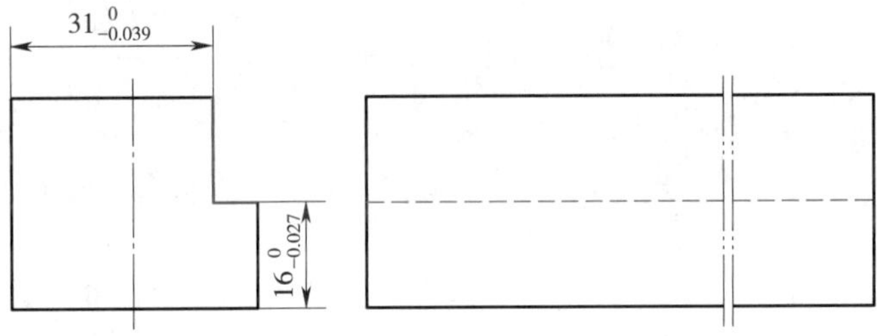 $31^{0}_{-0.039}$　$16^{0}_{-0.027}$
	（2）铣削左侧台阶	用 ϕ20 mm 立铣刀粗、精铣左侧台阶，使其符合图样要求	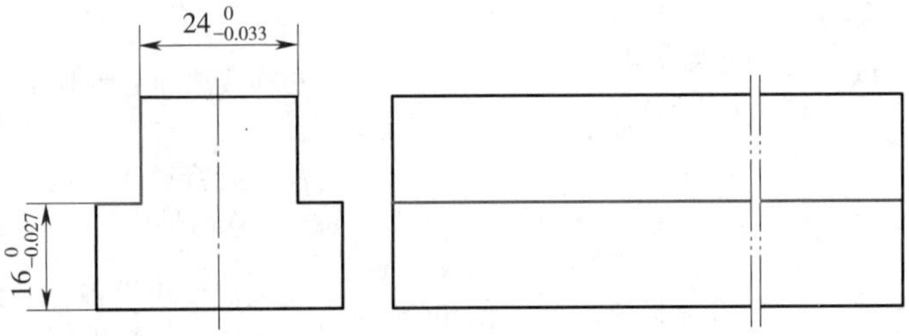 $24^{0}_{-0.033}$　$16^{0}_{-0.027}$
3. 倒角	（1）铣削台阶位置处倒角	换装 45° 角度铣刀，铣削台阶位置处的 4 处 $C1$ mm 倒角	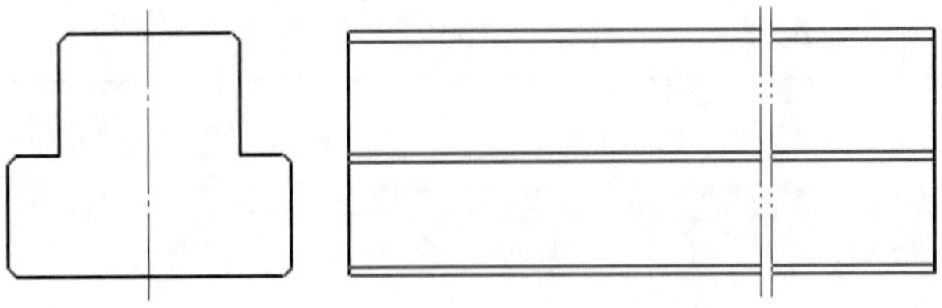
	（2）铣削其余倒角	将工件翻转装夹，完成剩余 2 处 $C1$ mm 倒角的铣削	
4. 检验		按零件图样尺寸进行检验	

三、加工质量检测

表2 2为台阶键加工质量检测表。

表2–2 **台阶键加工质量检测表**

序号	考核项目	配分	考核内容及要求	评分标准	检测结果	得分
1	主要尺寸（66分）	8	$38_{-0.039}^{0}$ mm	超差不得分		
2		8	$24_{-0.033}^{0}$ mm	超差不得分		
3		2×7	$16_{-0.027}^{0}$ mm（2处）	超差不得分		
4		8	$32_{-0.039}^{0}$ mm	超差不得分		
5		7	⌯ 0.03 A	超差不得分		
6		3×7	// 0.05 B（3处）	超差不得分		
7	次要尺寸（11分）	5	262 mm	超差不得分		
8		6×1	*C*1 mm（6处）	超差不得分		
9	表面粗糙度（10分）	10×1	*Ra*1.6 μm（10处）	降级不得分		
10	主观评分（10分）	3.5	已加工零件倒角符合图样要求，否则不得分			
11		3.5	已加工零件无划伤、碰伤和夹伤，否则不得分			
12		3	已加工零件与图样外形一致，否则不得分			
13	更换或添加毛坯（3分）	3	更换或添加毛坯不得分			
14	职业素养	倒扣分	能正确穿戴工作服、工作鞋、安全帽和防护眼镜等个人防护用品，每违反一项倒扣2分			
15			能规范使用设备、工具、量具和辅具，每违反操作规范一次倒扣2分			
16			能做好设备清理、保养工作，未清理或未保养倒扣3分，清理或保养不彻底倒扣2分			
总配分		100	总得分			

学习任务 3　定位块普通铣床加工

一、工作情境描述

某企业接到一批定位块（图 3-1）的加工订单，数量为 30 件，毛坯为 105 mm × 55 mm × 65 mm 块料，材料为 45 钢，工期为 5 天，来料加工。现生产部门安排铣工组完成此生产任务。

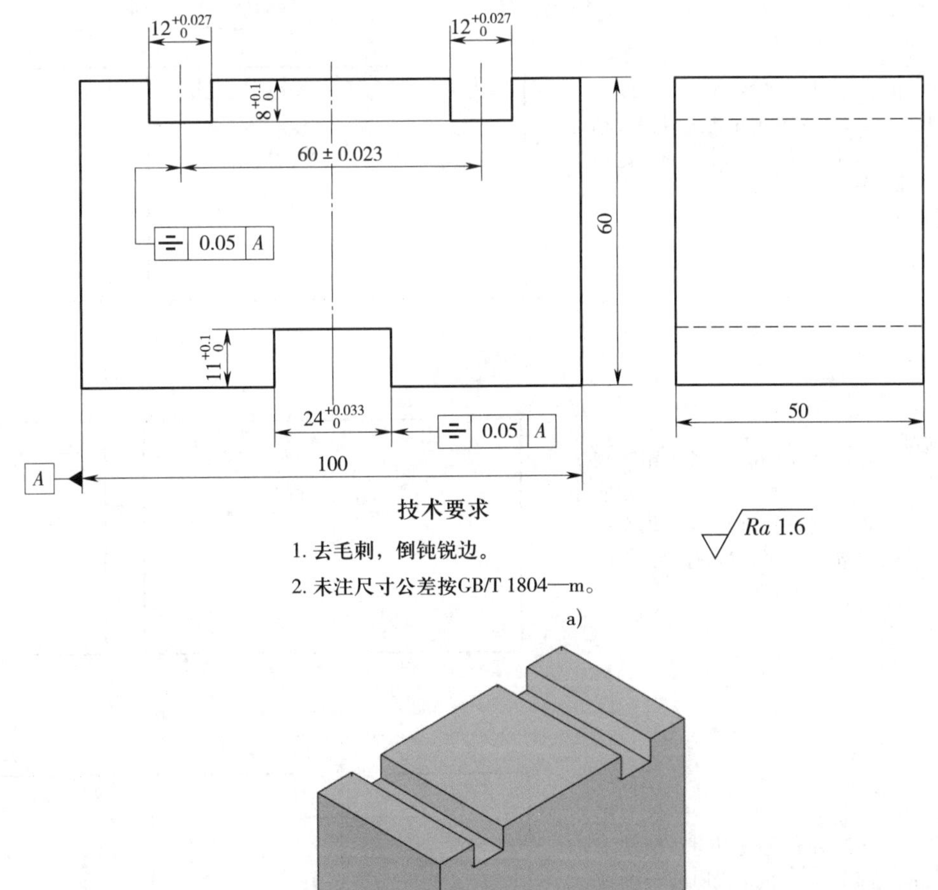

a)

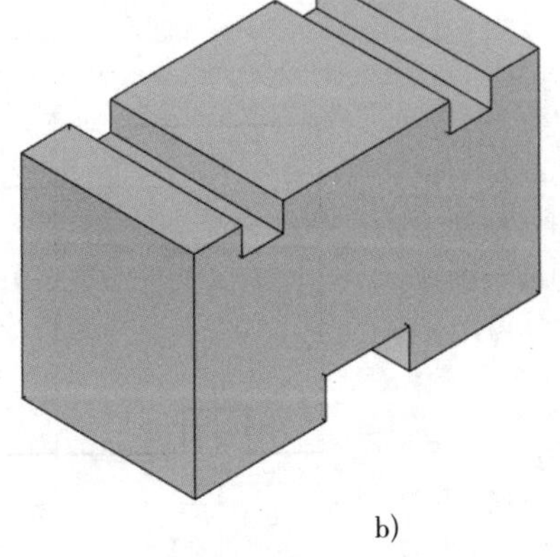

b)

图 3-1　定位块
a）零件图　b）实体图

二、加工工艺过程

定位块的加工工艺过程见表 3-1。

表 3-1　　定位块的加工工艺过程

工序	工步	加工内容	图示
1. 铣削长方体		用机用虎钳装夹工件，并用百分表找正。用面铣刀按照长方体铣削步骤粗、精铣长方体，保证尺寸精度、几何精度和表面质量符合图样要求	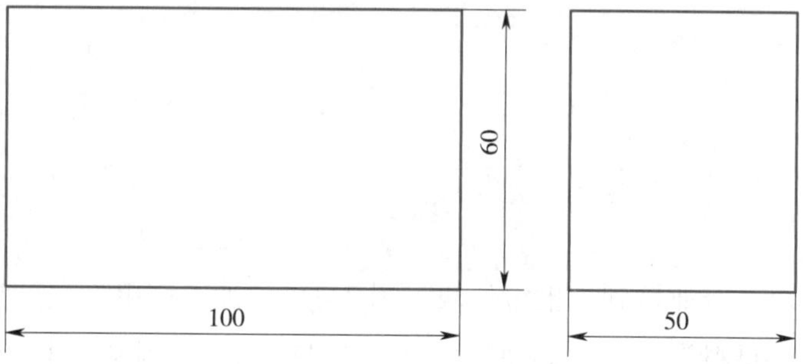 100　60　50
2. 铣削通槽	(1) 铣削定位块上部右侧 $12^{+0.027}_{0}$ mm 宽通槽	用 ϕ10 mm 立铣刀粗、精铣上部右侧 $12^{+0.027}_{0}$ mm 宽通槽至图样要求	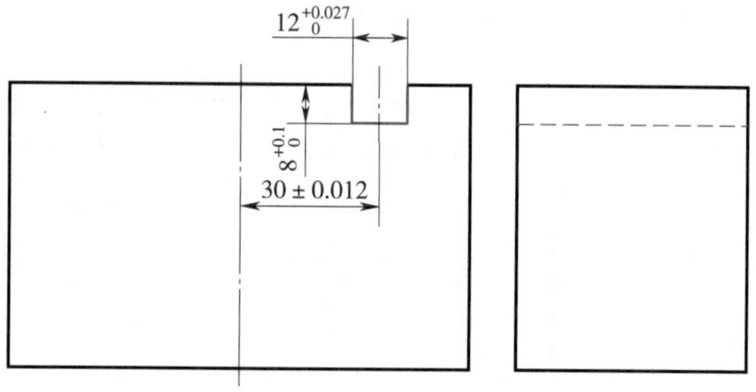 $12^{+0.027}_{0}$　$8^{+0.1}_{0}$　30 ± 0.012
	(2) 铣削定位块上部左侧 $12^{+0.027}_{0}$ mm 宽通槽	用 ϕ10 mm 立铣刀粗、精铣上部左侧 $12^{+0.027}_{0}$ mm 宽通槽，保证尺寸精度、几何精度和表面质量符合图样要求	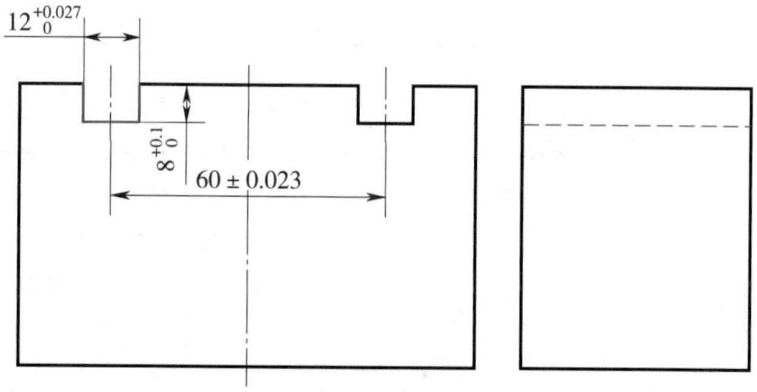 $12^{+0.027}_{0}$　$8^{+0.1}_{0}$　60 ± 0.023
	(3) 铣削下部 $24^{+0.033}_{0}$ mm 宽通槽	将工件翻转装夹，用 ϕ20 mm 立铣刀粗、精铣下部 $24^{+0.033}_{0}$ mm 宽通槽至图样要求	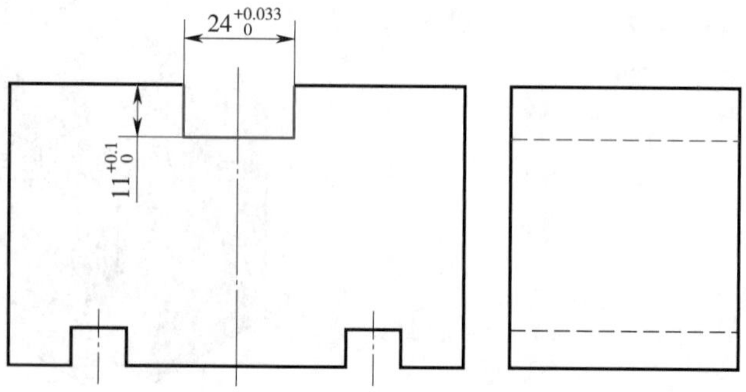 $24^{+0.033}_{0}$　$11^{+0.1}_{0}$
3. 检验		按零件图样尺寸进行检验	

三、加工质量检测

表 3–2 为定位块加工质量检测表。

表 3–2　　定位块加工质量检测表

序号	考核项目	配分	考核内容及要求	评分标准	检测结果	得分
1	主要尺寸（59 分）	7	$11^{+0.1}_{0}$ mm	超差不得分		
2		2×7	$8^{+0.1}_{0}$ mm（2 处）	超差不得分		
3		2×7	$12^{+0.027}_{0}$ mm（2 处）	超差不得分		
4		7	（60±0.023）mm	超差不得分		
5		7	$24^{+0.033}_{0}$ mm	超差不得分		
6		2×5	⌯ 0.05 A（2 处）	超差不得分		
7	次要尺寸（12 分）	4	100 mm	超差不得分		
8		4	50 mm	超差不得分		
9		4	60 mm	超差不得分		
10	表面粗糙度（15 分）	15×1	*Ra*1.6 μm（15 处）	降级不得分		
11						
12	主观评分（11 分）	4.5	已加工零件倒钝锐边、去毛刺符合图样要求，否则不得分			
13		3.5	已加工零件无划伤、碰伤和夹伤，否则不得分			
14		3	已加工零件与图样外形一致，否则不得分			
15	更换或添加毛坯（3 分）	3	更换或添加毛坯不得分			
16	职业素养	倒扣分	能正确穿戴工作服、工作鞋、安全帽和防护眼镜等个人防护用品，每违反一项倒扣 2 分			
17			能规范使用设备、工具、量具和辅具，每违反操作规范一次倒扣 2 分			
18			能做好设备清理、保养工作，未清理或未保养倒扣 3 分，清理或保养不彻底倒扣 2 分			
总配分		100	总得分			

学习任务 4　V 形块普通铣床加工

一、工作情境描述

某企业接到一批 V 形块（图 4–1）的加工订单，数量为 30 件，毛坯为 64 mm × 24 mm × 54 mm 的块料，材料为 45 钢，工期为 5 天，来料加工。现生产部门安排铣工组完成此生产任务。

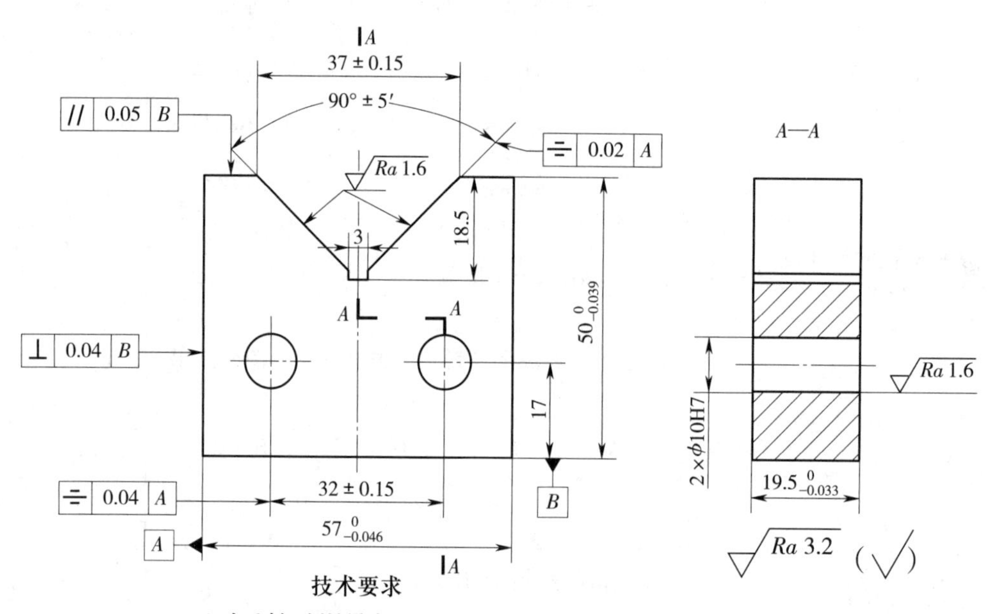

a)

b)

图 4–1　V 形块

a）零件图　b）实体图

二、加工工艺过程

V形块的加工工艺过程见表4–1。

表4–1　　V形块的加工工艺过程

工序	工步	加工内容	图示
1. 铣削长方体		用机用虎钳装夹工件，并用百分表找正。按照长方体铣削步骤，用面铣刀将毛坯铣削成 $57_{-0.046}^{0}$ mm× $19.5_{-0.033}^{0}$ mm× $50_{-0.039}^{0}$ mm的长方体，并保证尺寸精度、几何精度和表面质量符合图样要求	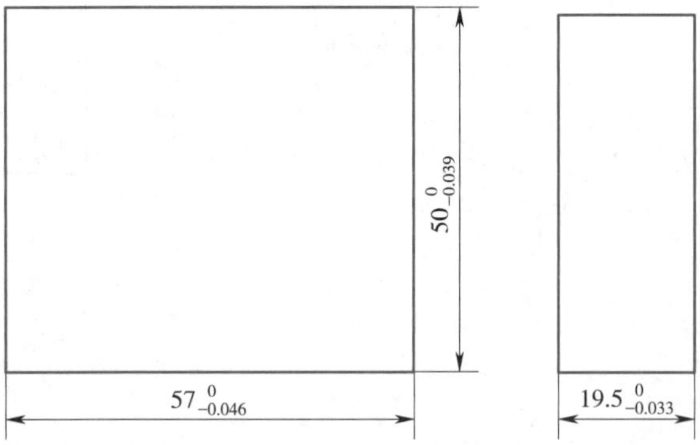 $50_{-0.039}^{0}$　$57_{-0.046}^{0}$　$19.5_{-0.033}^{0}$
2. 铣削窄槽		用锯片铣刀铣3 mm宽的窄槽至尺寸要求	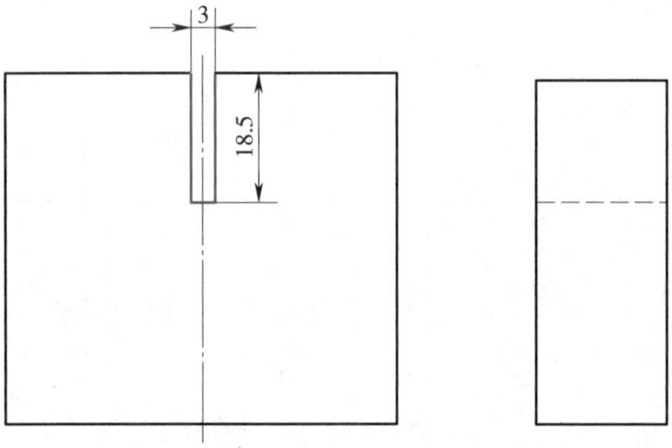 3　18.5
3. 铣V形槽	（1）粗铣V形槽	将立铣头偏转45°，用立铣刀粗铣V形槽一侧，留1 mm精铣余量，铣完后，将工件调转180°后夹紧，再铣V形槽另一侧	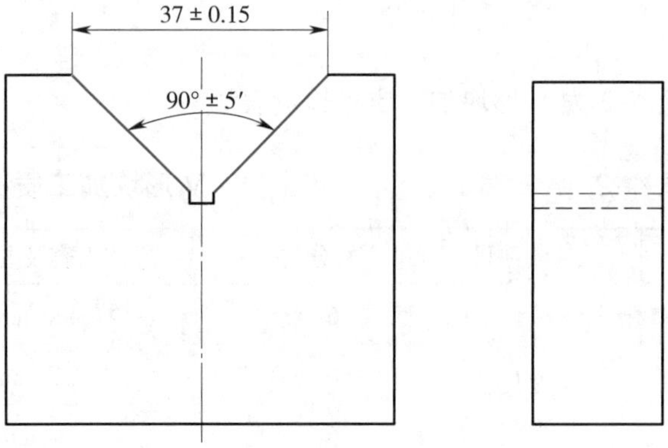 37 ± 0.15　90° ± 5′
	（2）精铣V形槽	根据测量得到的实际尺寸，调整工件的精加工铣削用量，完成V形槽的精加工	

续表

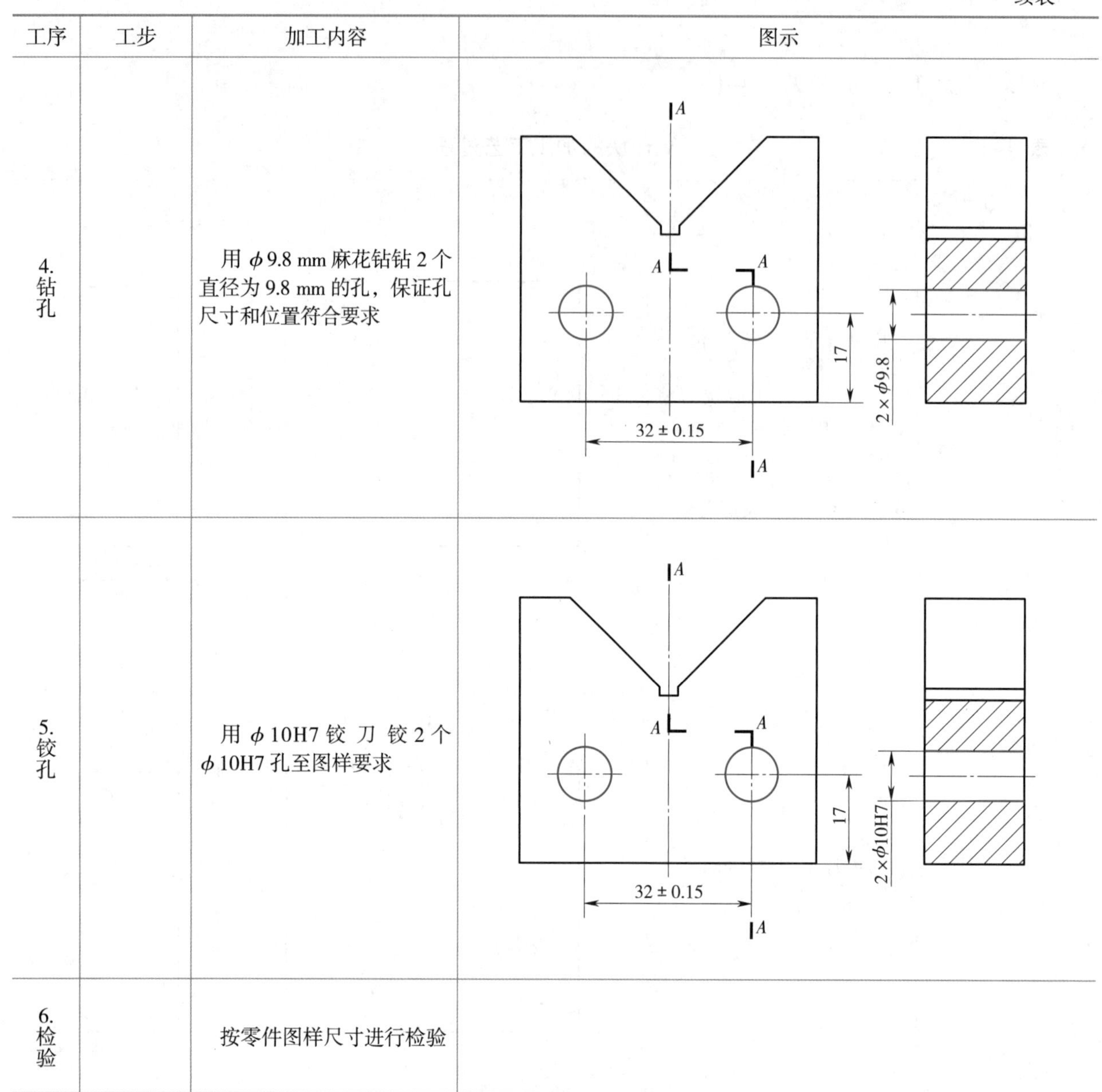

工序	工步	加工内容	图示
4. 钻孔		用 ϕ9.8 mm 麻花钻钻 2 个直径为 9.8 mm 的孔，保证孔尺寸和位置符合要求	
5. 铰孔		用 ϕ10H7 铰刀铰 2 个 ϕ10H7 孔至图样要求	
6. 检验		按零件图样尺寸进行检验	

三、加工质量检测

表 4–2 为 V 形块加工质量检测表。

表 4–2　　V 形块加工质量检测表

序号	考核项目	配分	考核内容及要求	评分标准	检测结果	得分
1	主要尺寸（56 分）	6	$57_{-0.046}^{0}$ mm	超差不得分		
2		6	$19.5_{-0.033}^{0}$ mm	超差不得分		
3		6	$50_{-0.039}^{0}$ mm	超差不得分		
4		6	90° ± 5′	超差不得分		

续表

序号	考核项目	配分	考核内容及要求	评分标准	检测结果	得分
5		2×6	ϕ10H7（2 处）	超差不得分		
6		5	⌯ 0.04 *A*	超差不得分		
7		5	⌯ 0.02 *A*	超差不得分		
8		5	⊥ 0.04 *B*	超差不得分		
9		5	// 0.05 *B*	超差不得分		
10	次要尺寸（16 分）	4	17 mm	超差不得分		
11		4	18.5 mm	超差不得分		
12		4	（32 ± 0.15）mm	超差不得分		
13		4	（37 ± 0.15）mm	超差不得分		
14	表面粗糙度（15 分）	4×2	*Ra*1.6 μm（4 处）	降级不得分		
15		7×1	*Ra*3.2 μm（7 处）	降级不得分		
16	主观评分（10 分）	3.5	已加工零件倒钝锐边、去毛刺符合图样要求，否则不得分			
17		3.5	已加工零件无划伤、碰伤和夹伤，否则不得分			
18		3	已加工零件与图样外形一致，否则不得分			
19	更换或添加毛坯（3 分）	3	更换或添加毛坯不得分			
20	职业素养	倒扣分	能正确穿戴工作服、工作鞋、安全帽和防护眼镜等个人防护用品，每违反一项倒扣 2 分			
21			能规范使用设备、工具、量具和辅具，每违反操作规范一次倒扣 2 分			
22			能做好设备清理、保养工作，未清理或未保养倒扣 3 分，清理或保养不彻底倒扣 2 分			
总配分		100	总得分			

学习任务 5　塞规普通铣床加工

一、工作情境描述

某企业接到一批塞规（图 5-1）的加工订单，数量为 30 件，毛坯为 65 mm × 25 mm × 45 mm 的块料，材料为 45 钢，工期为 5 天。现生产部门安排铣工组完成此生产任务。

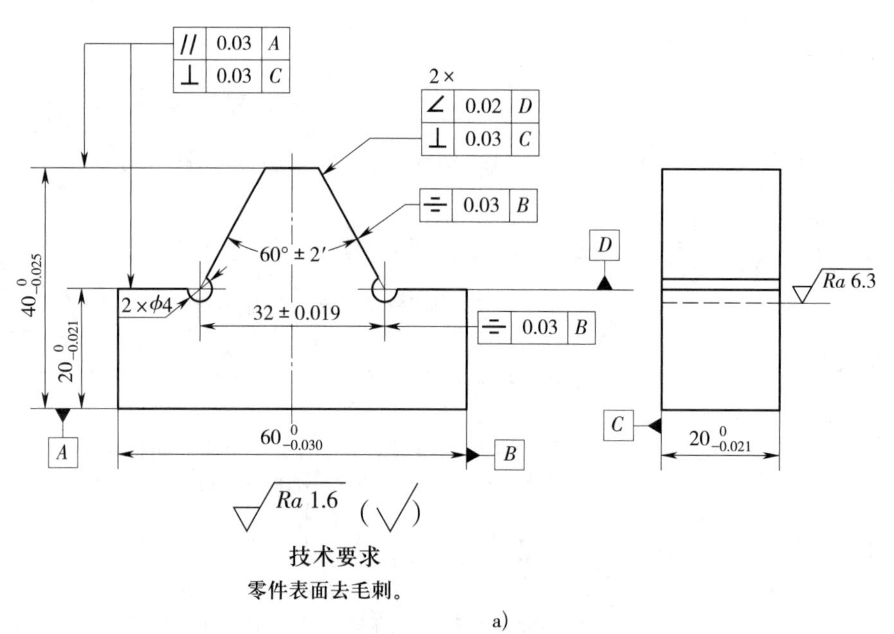

a)

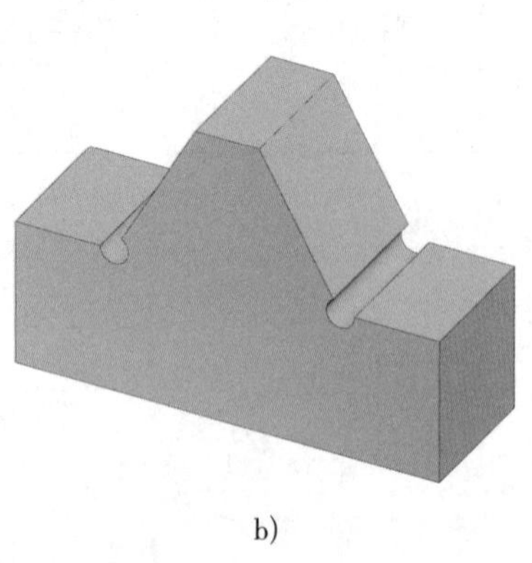

b)

图 5-1　塞规

a）零件图　b）实体图

二、加工工艺过程

塞规的加工工艺过程见表 5-1。

表 5-1　　　塞规的加工工艺过程

工序	工步	加工内容	图示
1. 铣削长方体		用机用虎钳装夹工件，并用百分表找正。按照长方体铣削步骤，用面铣刀将毛坯铣削成 $60_{-0.030}^{0}$ mm × $20_{-0.021}^{0}$ mm × $40_{-0.025}^{0}$ mm 的长方体，并保证尺寸精度、几何精度和表面质量符合图样要求	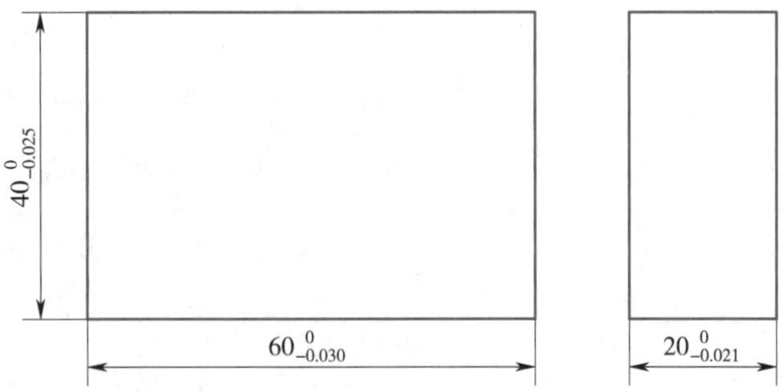 $40_{-0.025}^{0}$　$60_{-0.030}^{0}$　$20_{-0.021}^{0}$
2. 钻孔		用 ϕ4 mm 麻花钻按照划线位置钻 2 个 ϕ4 mm 孔，保证尺寸精度和几何精度符合图样要求	2×ϕ4　32 ± 0.019　$20_{-0.021}^{0}$
3. 铣台阶	（1）粗铣	用 ϕ20 mm 立铣刀粗铣两侧台阶，每侧留 1 mm 精加工余量	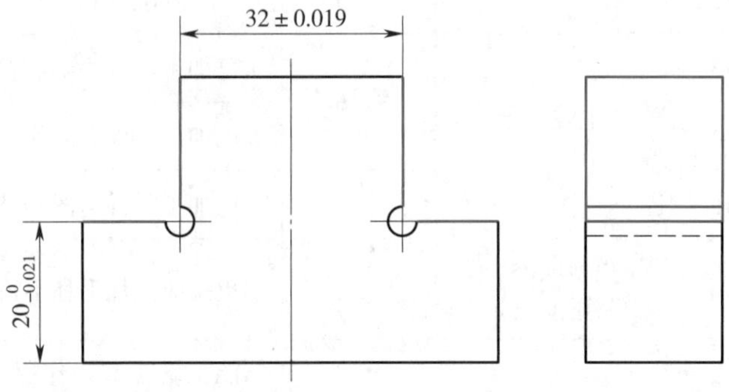 32 ± 0.019　$20_{-0.021}^{0}$
	（2）精铣	根据实际测量尺寸调整工件的精加工铣削用量，精铣台阶，保证尺寸精度、几何精度和表面质量符合图样要求	
4. 铣斜面	（1）粗铣	将立铣头偏转 30°，用立铣刀粗铣一侧斜面，留 1 mm 精铣余量，铣完后，将工件调转 180°后夹紧，再铣另一侧斜面	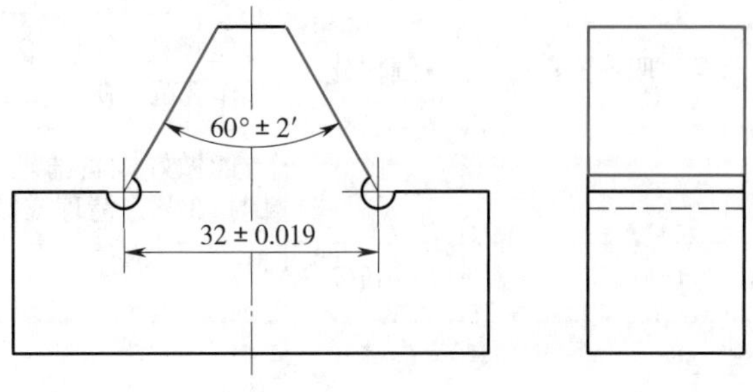 60° ± 2′　32 ± 0.019
	（2）精铣	根据测量得到的实际尺寸，调整工件的精加工铣削用量，完成斜面的精加工	
5. 检验		按零件图样尺寸进行检验	

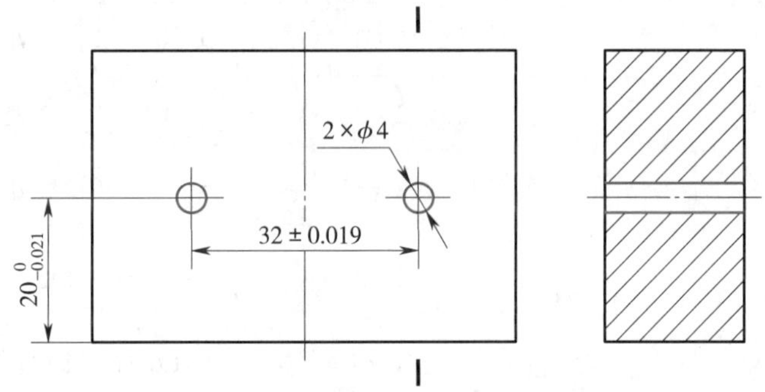

三、加工质量检测

表 5–2 为塞规加工质量检测表。

表 5–2　　　　塞规加工质量检测表

序号	考核项目	配分	考核内容及要求	评分标准	检测结果	得分
1	主要尺寸（71 分）	6	$60_{-0.030}^{0}$ mm	超差不得分		
2		2×6	$20_{-0.021}^{0}$ mm（2 处）	超差不得分		
3		6	$40_{-0.025}^{0}$ mm	超差不得分		
4		5	（32±0.019）mm	超差不得分		
5		6	60°±2′	超差不得分		
6		3×3	∥ 0.03 A（3 处）	超差不得分		
7		5×3	⊥ 0.03 C（5 处）	超差不得分		
8		2×3	∠ 0.02 D（2 处）	超差不得分		
9		2×3	⌯ 0.03 B（2 处）	超差不得分		
10	次要尺寸（4 分）	2×2	ϕ4 mm（2 处）	超差不得分		
11	表面粗糙度（12 分）	10×1	*Ra*1.6 μm（10 处）	降级不得分		
12		2×1	*Ra*6.3 μm（2 处）	降级不得分		
13	主观评分（10 分）	3.5	已加工零件去毛刺符合图样要求，否则不得分			
14		3.5	已加工零件无划伤、碰伤和夹伤，否则不得分			
15		3	已加工零件与图样外形一致，否则不得分			
16	更换或添加毛坯（3 分）	3	更换或添加毛坯不得分			
17	职业素养	倒扣分	能正确穿戴工作服、工作鞋、安全帽和防护眼镜等个人防护用品，每违反一项倒扣 2 分			
18			能规范使用设备、工具、量具和辅具，每违反操作规范一次倒扣 2 分			
19			能做好设备清理、保养工作，未清理或未保养倒扣 3 分，清理或保养不彻底倒扣 2 分			
总配分		100	总得分			

学习任务 6　V 形卡块普通铣床加工

一、工作情境描述

某企业接到一批 V 形卡块（图 6–1）的加工订单，数量为 30 件，毛坯为 90 mm × 45 mm × 40 mm 的块料，材料为 45 钢，工期为 5 天，来料加工。现生产部门安排铣工组完成此生产任务。

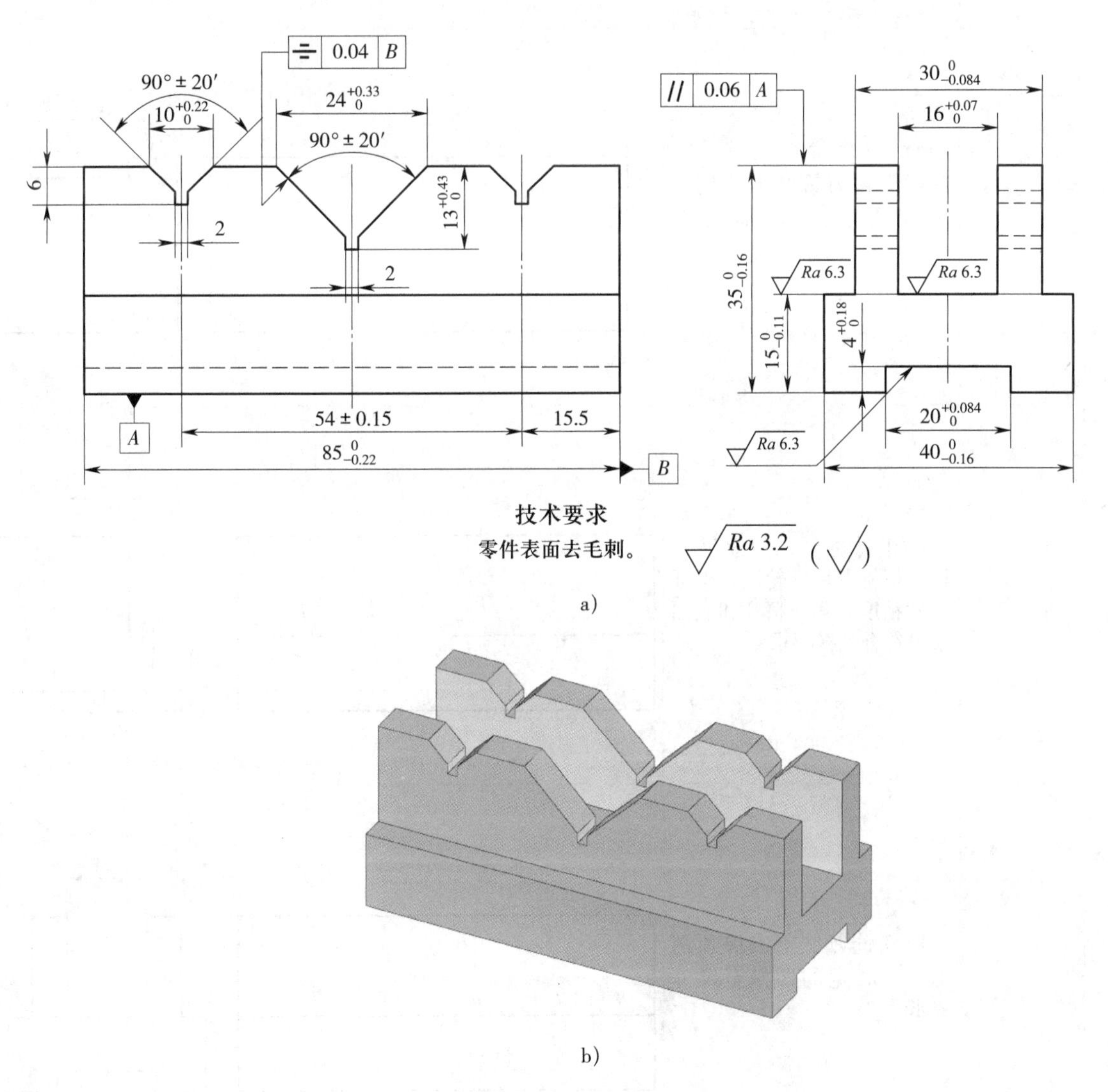

图 6–1　V 形卡块
a）零件图　b）实体图

二、加工工艺过程

V 形卡块的加工工艺过程见表 6–1。

表 6–1　　V 形卡块的加工工艺过程

工序	工步	加工内容	图示
1. 铣削长方体		用机用虎钳装夹工件，并用百分表找正。按照长方体铣削步骤，用面铣刀将毛坯铣削成 $85_{-0.22}^{0}$ mm× $40_{-0.16}^{0}$ mm× $35_{-0.16}^{0}$ mm 的长方体，并保证尺寸精度、几何精度和表面质量符合图样要求	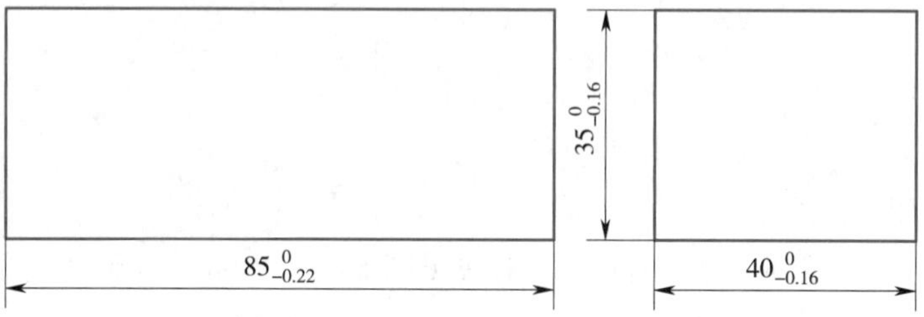 $35_{-0.16}^{0}$　$85_{-0.22}^{0}$　$40_{-0.16}^{0}$
2. 铣削卡块底部凹槽		用立铣刀铣削卡块底部 $20_{0}^{+0.084}$ mm× $4_{0}^{+0.18}$ mm 的凹槽至尺寸要求	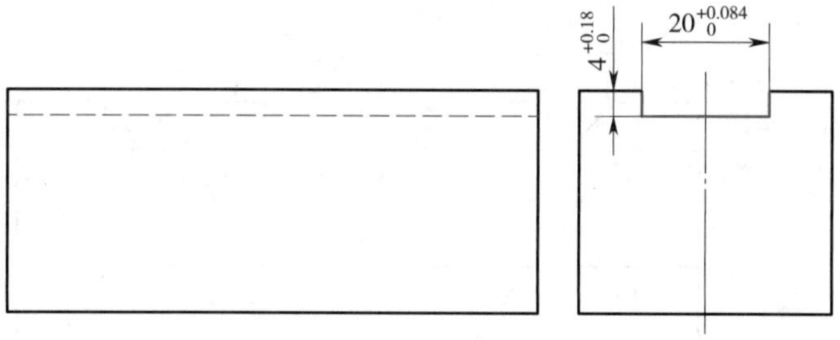 $4_{0}^{+0.18}$　$20_{0}^{+0.084}$
3. 铣削卡块顶部外轮廓		将工件翻转，用立铣刀粗、精铣卡块外轮廓，保证尺寸精度、几何精度和表面质量符合图样要求	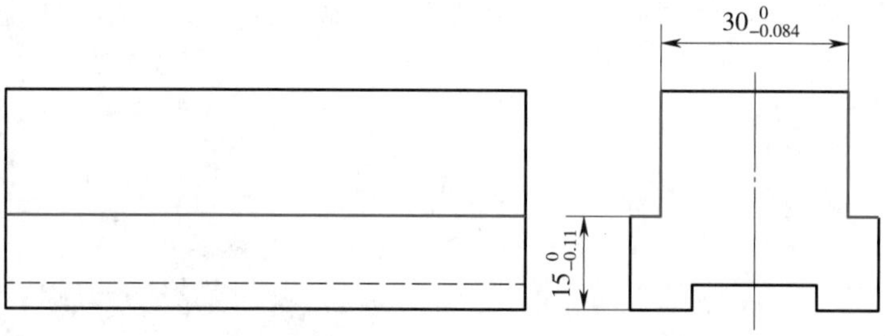 $30_{-0.084}^{0}$　$15_{-0.11}^{0}$
4. 铣削卡块顶部中间凹槽		用立铣刀铣削卡块顶部 $16_{0}^{+0.07}$ mm 宽的凹槽至尺寸要求	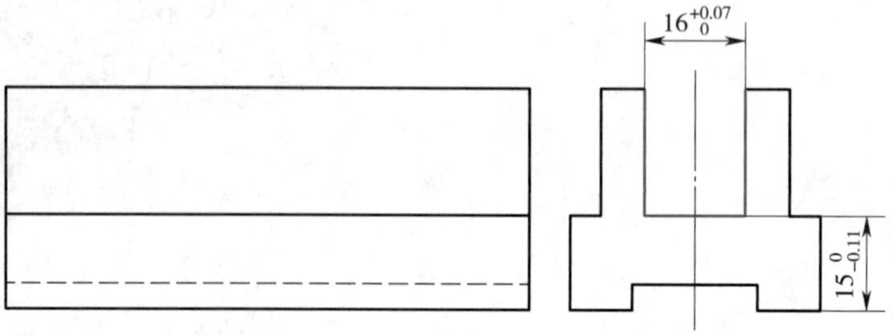 $16_{0}^{+0.07}$　$15_{-0.11}^{0}$

续表

工序	工步	加工内容	图示
5. 铣削卡块顶部三处2 mm宽的窄槽		用2 mm宽锯片铣刀铣削卡块顶部三处2 mm宽的窄槽至尺寸要求	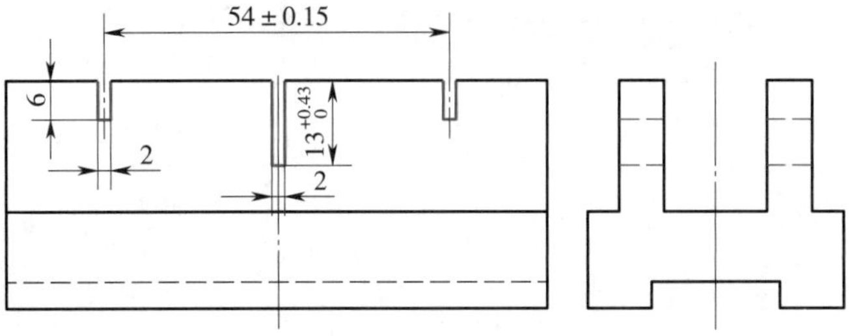
6. 铣削中间V形槽	（1）粗铣中间V形槽	将立铣头偏转45°，用立铣刀粗铣V形槽一侧，留1 mm精铣余量，铣完后，将工件调转180°后夹紧，再铣另一侧槽	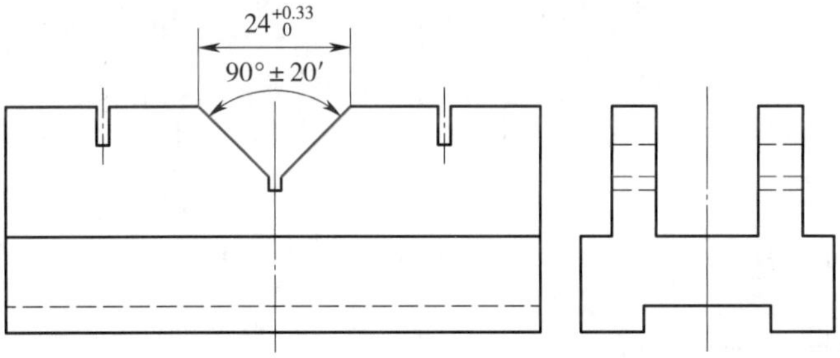
	（2）精铣中间V形槽	根据测量得到的实际尺寸，调整工件的精加工铣削用量，完成V形槽的精加工	
7. 铣削两侧V形槽	（1）粗铣两侧V形槽	将立铣头偏转45°，用立铣刀粗铣V形槽一侧，留1 mm精铣余量，铣完后，将工件调转180°后夹紧，再铣另一侧槽	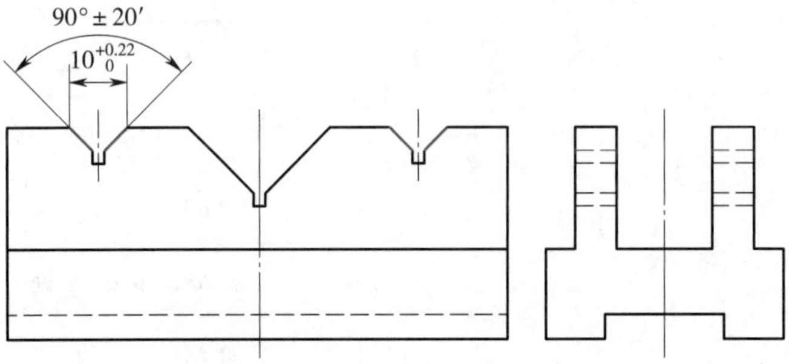
	（2）精铣两侧V形槽	根据测量得到的实际尺寸，调整工件的精加工铣削用量，完成V形槽的精加工	
8. 检验		按零件图样尺寸进行检验	

三、加工质量检测

表 6–2 为 V 形卡块加工质量检测表。

表 6–2　　V 形卡块加工质量检测表

序号	考核项目	配分	考核内容及要求	评分标准	检测结果	得分
1	主要尺寸（58 分）	4	$85_{-0.22}^{0}$ mm	超差不得分		
2		4	$40_{-0.16}^{0}$ mm	超差不得分		
3		4	$35_{-0.16}^{0}$ mm	超差不得分		
4		3 × 4	90° ± 20′（3 处）	超差不得分		
5		4	$20_{0}^{+0.084}$ mm	超差不得分		
6		4	$4_{0}^{+0.18}$ mm	超差不得分		
7		4	$15_{-0.11}^{0}$ mm	超差不得分		
8		4	$16_{0}^{+0.07}$ mm	超差不得分		
9		4	（54 ± 0.15）mm	超差不得分		
10		4	$24_{0}^{+0.33}$ mm	超差不得分		
11		2 × 2	$10_{0}^{+0.22}$ mm（2 处）	超差不得分		
12		4	$30_{-0.084}^{0}$ mm	超差不得分		
13		1	⌯ 0.04 *B*	超差不得分		
14		1	// 0.06 *A*	超差不得分		
15	次要尺寸（8 分）	1	$13_{0}^{+0.43}$ mm	超差不得分		
16		3 × 1	2 mm（3 处）	超差不得分		
17		2 × 1	6 mm（2 处）	超差不得分		
18		2	15.5 mm	超差不得分		
19	表面粗糙度（21 分）	17 × 1	*Ra*3.2 μm（17 处）	降级不得分		
20		4 × 1	*Ra*6.3 μm（4 处）	降级不得分		
21	主观评分（10 分）	3.5	已加工零件去毛刺符合图样要求，否则不得分			
22		3.5	已加工零件无划伤、碰伤和夹伤，否则不得分			
23		3	已加工零件与图样外形一致，否则不得分			
24	更换或添加毛坯（3 分）	3	更换或添加毛坯不得分			

续表

序号	考核项目	配分	考核内容及要求	评分标准	检测结果	得分
25	职业素养	倒扣分	能正确穿戴工作服、工作鞋、安全帽和防护眼镜等个人防护用品，每违反一项倒扣2分			
26			能规范使用设备、工具、量具和辅具，每违反操作规范一次倒扣2分			
27			能做好设备清理、保养工作，未清理或未保养倒扣3分，清理或保养不彻底倒扣2分			
总配分		100	总得分			

学习任务 7　半径座普通铣床加工

一、工作情境描述

某企业接到一批半径座（图 7–1）的加工订单，数量为 30 件，毛坯为 85 mm × 45 mm × 45 mm 的块料，材料为 45 钢，工期为 5 天，来料加工。现生产部门安排铣工组完成此生产任务。

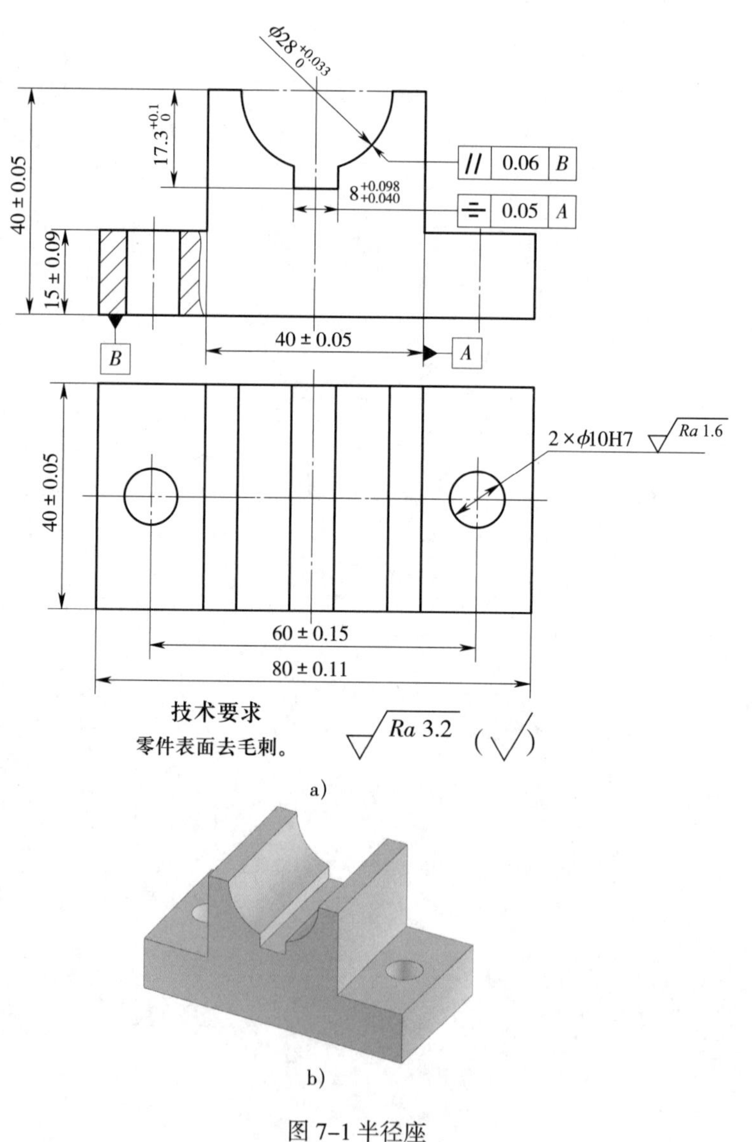

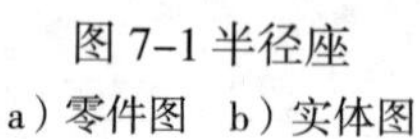

图 7–1 半径座

a）零件图　b）实体图

二、加工工艺过程

半径座的加工工艺过程见表 7–1。

表 7–1　　半径座的加工工艺过程

工序	工步	加工内容	图示
1. 铣削长方体		用机用虎钳装夹工件，并用百分表找正。按照长方体铣削步骤，用面铣刀将毛坯铣削成（80±0.11）mm×（40±0.05）mm×（40±0.05）mm 的长方体，并保证尺寸精度、几何精度和表面质量符合图样要求	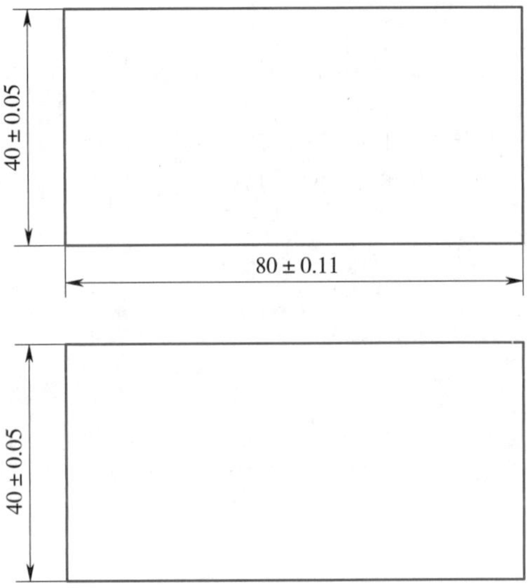 40±0.05 80±0.11 40±0.05
2. 铣削顶部凸台		用立铣刀粗、精铣顶部凸台至图样要求	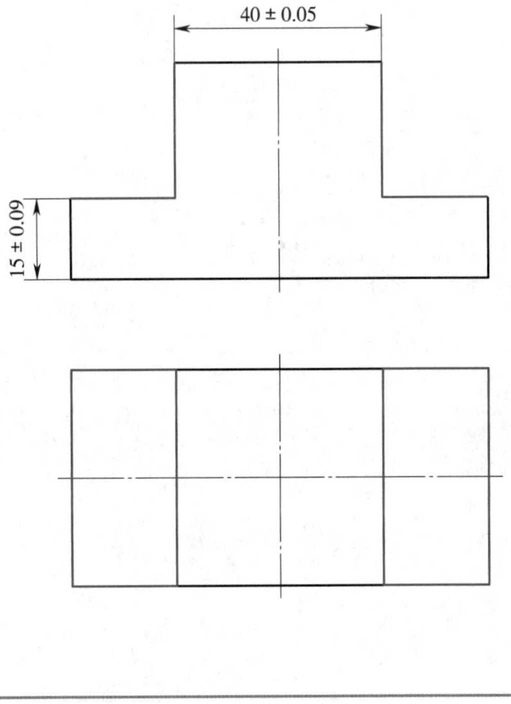 40±0.05 15±0.09

续表

工序	工步	加工内容	图示
3.镗、铣半圆孔	（1）粗铣半圆孔	用 ϕ25 mm 铣刀粗铣半圆孔至尺寸 ϕ25 mm	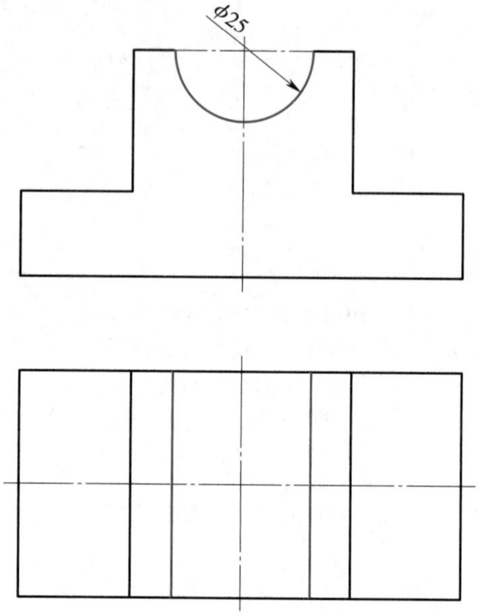 $\phi25$
	（2）精镗半圆孔	用镗刀精镗半圆孔至图样要求	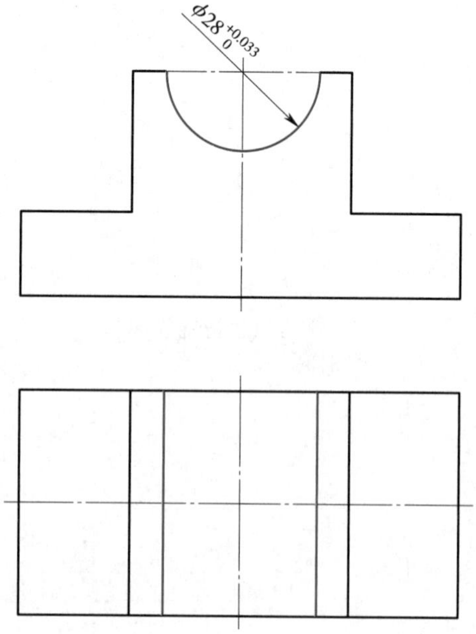 $\phi28^{+0.033}_{0}$

续表

工序	工步	加工内容	图示
4. 铣削凹槽		用 ϕ8 mm 的立铣刀铣削 $8_{+0.040}^{+0.098}$ mm 宽的凹槽至尺寸要求	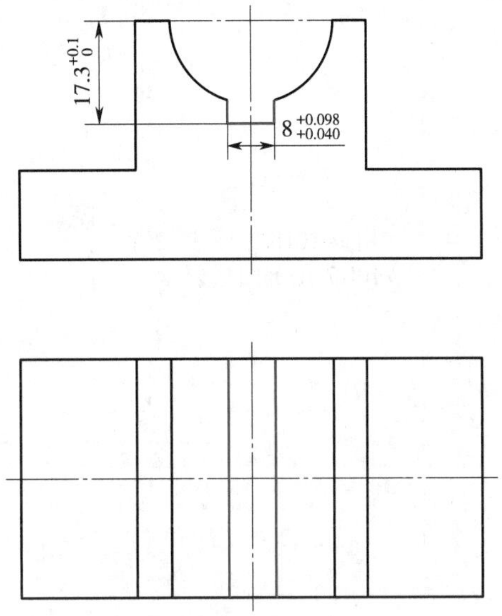 $17.3_{0}^{+0.1}$　$8_{+0.040}^{+0.098}$
5. 钻孔		用 ϕ9.8 mm 麻花钻钻 2 个 ϕ10H7 孔的底孔，保证两孔间距符合图样要求	2×ϕ9.8　60±0.15

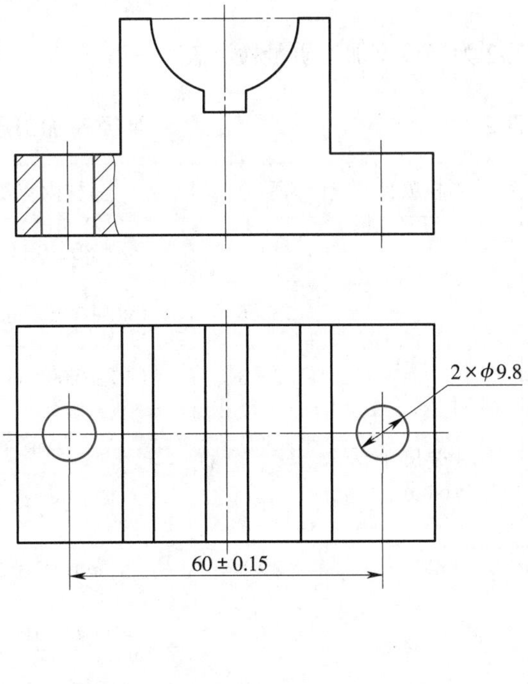

续表

工序	工步	加工内容	图示
6.铰孔		用 ϕ10H7 铰刀铰 2 个 ϕ10H7 孔至图样要求	2×ϕ10H7 60 ± 0.15
7.检验		按零件图样尺寸进行检验	

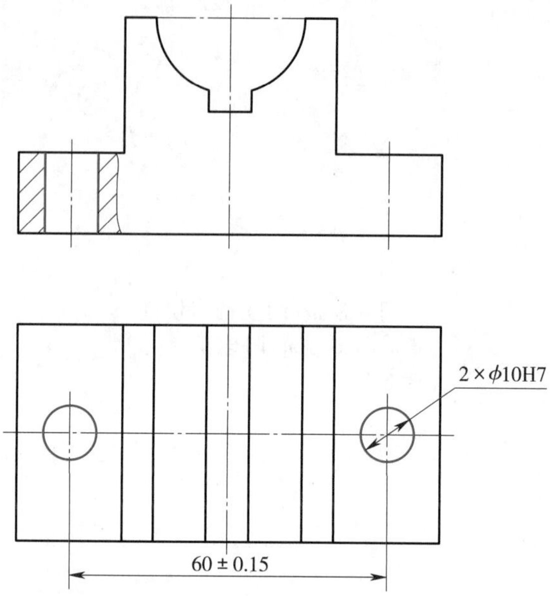

三、加工质量检测

表 7–2 为半径座加工质量检测表。

表 7–2　　半径座加工质量检测表

序号	考核项目	配分	考核内容及要求	评分标准	检测结果	得分
1	主要尺寸（64 分）	6	（80 ± 0.11）mm	超差不得分		
2		3 × 6	（40 ± 0.05）mm（3 处）	超差不得分		
3		2 × 3	（15 ± 0.09）mm（2 处）	超差不得分		
4		6	$8^{+0.098}_{+0.040}$ mm	超差不得分		
5		6	$\phi 28^{+0.033}_{0}$ mm	超差不得分		
6		2 × 5	ϕ10H7（2 处）	超差不得分		
7		6	∥ 0.06 B	超差不得分		
8		6	⌯ 0.05 A	超差不得分		

续表

序号	考核项目	配分	考核内容及要求	评分标准	检测结果	得分
9	次要尺寸（7 分）	3	（60 ± 0.15）mm	超差不得分		
10		4	$17.3^{+0.1}_{0}$ mm	超差不得分		
11	表面粗糙度（16 分）	2 × 2	*Ra*1.6 μm（2 处）	降级不得分		
12		12 × 1	*Ra*3.2 μm（12 处）	降级不得分		
13	主观评分（10 分）	3.5	已加工零件去毛刺符合图样要求，否则不得分			
14		3.5	已加工零件无划伤、碰伤和夹伤，否则不得分			
15		3	已加工零件与图样外形一致，否则不得分			
16	更换或添加毛坯（3 分）	3	更换或添加毛坯不得分			
17	职业素养	倒扣分	能正确穿戴工作服、工作鞋、安全帽和防护眼镜等个人防护用品，每违反一项倒扣 2 分			
18			能规范使用设备、工具、量具和辅具，每违反操作规范一次倒扣 2 分			
19			能做好设备清理、保养工作，未清理或未保养倒扣 3 分，清理或保养不彻底倒扣 2 分			
总配分		100	总得分			

学习任务 8　可调转接板普通铣床加工

一、工作情境描述

某企业接到一批可调转接板（图 8–1）的加工订单，数量为 30 件，毛坯为 105 mm × 45 mm × 30 mm 块料，材料为 45 钢，工期为 5 天，来料加工。现生产部门安排铣工组完成此生产任务。

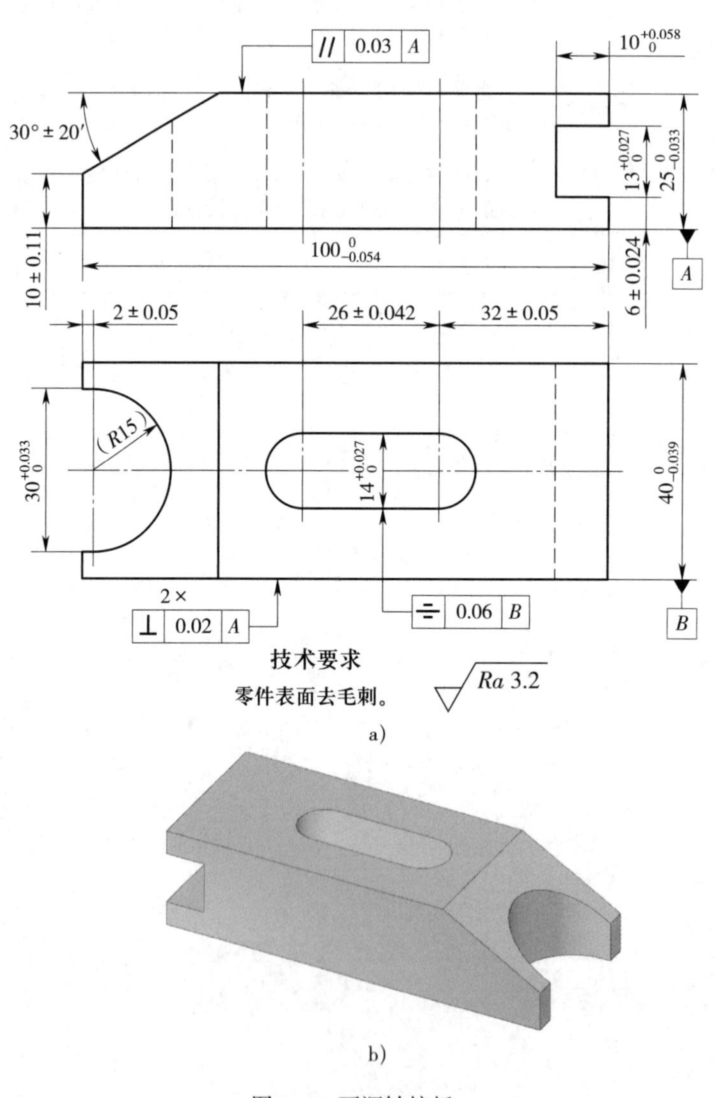

a）

b）

图 8–1　可调转接板

a）零件图　b）实体图

二、加工工艺过程

可调转接板的加工工艺过程见表 8–1。

表 8–1　　可调转接板的加工工艺过程

工序	工步	加工内容	图示
1. 铣削长方体		用机用虎钳装夹工件，并用百分表找正。按照长方体铣削步骤，用面铣刀将毛坯铣削成 $100_{-0.054}^{0}$ mm × $40_{-0.039}^{0}$ mm × $25_{-0.033}^{0}$ mm 的长方体，并保证尺寸精度、几何精度和表面质量符合图样要求	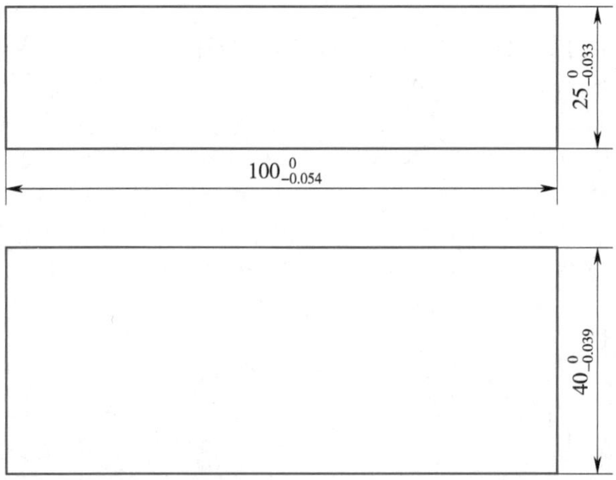 $25_{-0.033}^{0}$ $100_{-0.054}^{0}$ $40_{-0.039}^{0}$
2. 铣削右侧凹槽		将工件竖直装夹，右侧面朝上，用 ϕ12 mm 立铣刀粗、精铣右侧凹槽至图样要求	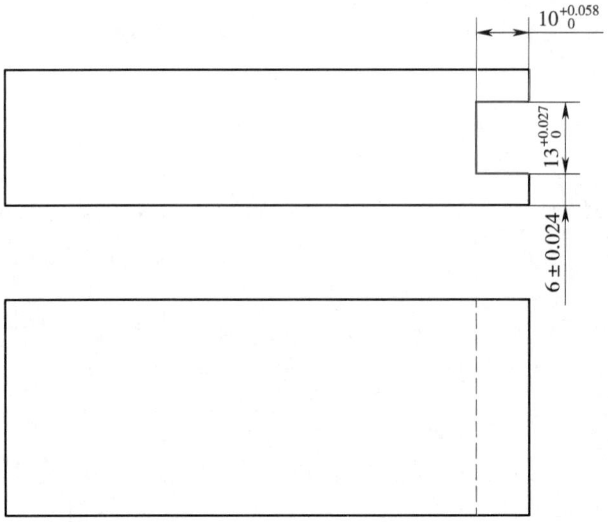 $10_{0}^{+0.058}$ $13_{0}^{+0.027}$ 6 ± 0.024
3. 铣削左上斜面		在工件下部垫 30°斜铁，用面铣刀粗、精铣斜面至图样要求	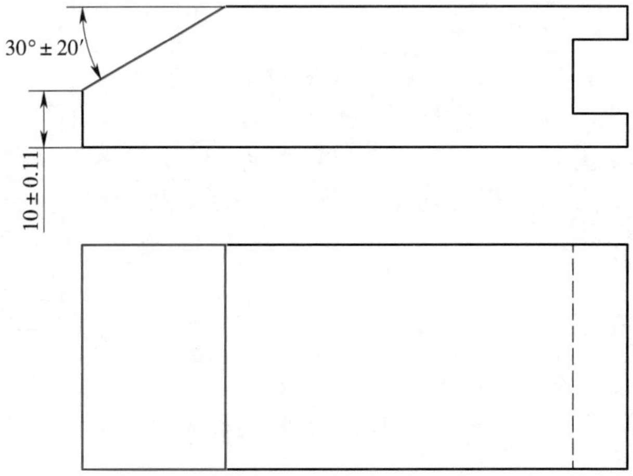 30° ± 20′ 10 ± 0.11

续表

工序	工步	加工内容	图示
4.铣、镗左侧凹槽	（1）粗铣左侧凹槽	用 ϕ25 mm 立铣刀粗铣左侧凹槽	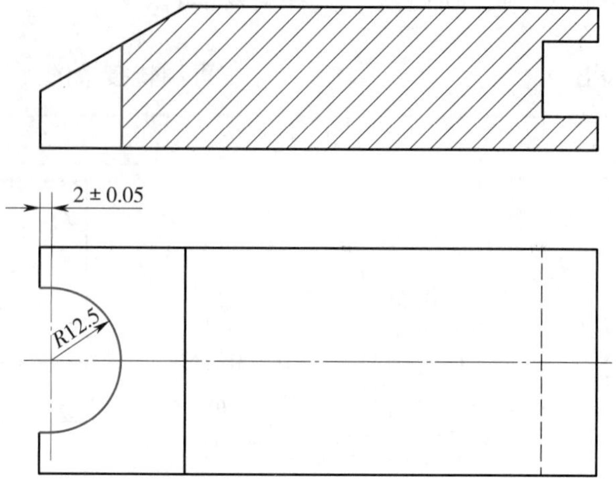 2 ± 0.05 R12.5
	（2）精镗左侧凹槽	用镗刀精镗左侧凹槽至图样要求	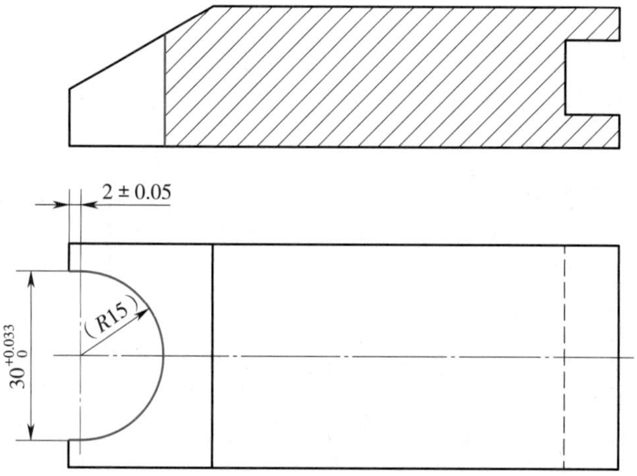 2 ± 0.05 （R15） $30^{+0.033}_{0}$
5.铣中间槽		用 ϕ14 mm 键槽铣刀铣中间槽至图样要求	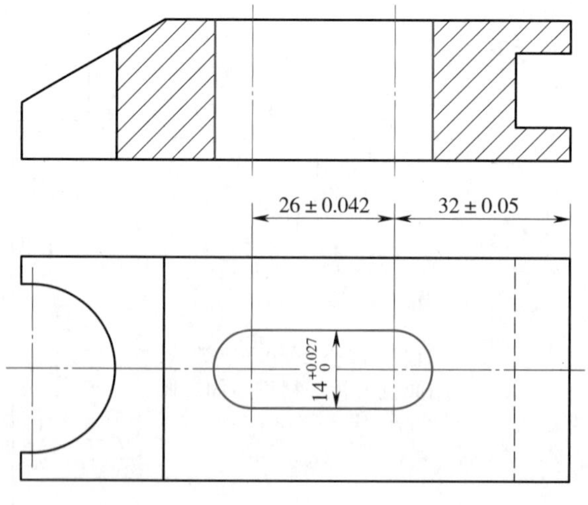 26 ± 0.042 32 ± 0.05 $14^{+0.027}_{0}$
6.检验		按零件图样尺寸进行检验	

三、加工质量检测

表 8–2 为可调转接板加工质量检测表。

表 8–2　　可调转接板加工质量检测表

序号	考核项目	配分	考核内容及要求	评分标准	检测结果	得分
1	主要尺寸（63 分）	5	$100_{-0.054}^{\ 0}$ mm	超差不得分		
2		5	$40_{-0.039}^{\ 0}$ mm	超差不得分		
3		5	$25_{-0.033}^{\ 0}$ mm	超差不得分		
4		4	（32 ± 0.05）mm	超差不得分		
5		5	$14_{\ 0}^{+0.027}$ mm	超差不得分		
6		5	$30_{\ 0}^{+0.033}$ mm	超差不得分		
7		5	$13_{\ 0}^{+0.027}$ mm	超差不得分		
8		5	$10_{\ 0}^{+0.058}$ mm	超差不得分		
9		4	（6 ± 0.024）mm	超差不得分		
10		4	30° ± 20′	超差不得分		
11		2 × 4	⊥ 0.02 A（2 处）	超差不得分		
12		4	// 0.03 A	超差不得分		
13		4	⌯ 0.06 B	超差不得分		
14	次要尺寸（12 分）	3	*R*15 mm	超差不得分		
15		3	（26 ± 0.042）mm	超差不得分		
16		3	（2 ± 0.05）mm	超差不得分		
17		3	（10 ± 0.11）mm	超差不得分		
18	表面粗糙度（12 分）	12 × 1	*Ra*3.2 μm（12 处）	降级不得分		
19	主观评分（10 分）	3.5	已加工零件去毛刺符合图样要求，否则不得分			
20		3.5	已加工零件无划伤、碰伤和夹伤，否则不得分			
21		3	已加工零件与图样外形一致，否则不得分			
22	更换或添加毛坯（3 分）	3	更换或添加毛坯不得分			
23	职业素养	倒扣分	能正确穿戴工作服、工作鞋、安全帽和防护眼镜等个人防护用品，每违反一项倒扣 2 分			
24			能规范使用设备、工具、量具和辅具，每违反操作规范一次倒扣 2 分			
25			能做好设备清理、保养工作，未清理或未保养倒扣 3 分，清理或保养不彻底倒扣 2 分			
总配分		100	总得分			

学习任务 9　镶块普通铣床加工

一、工作情境描述

某企业接到一批镶块（图 9-1）的加工订单，数量为 30 件，毛坯为 65 mm × 45 mm × 55 mm 块料，材料为 45 钢，工期为 5 天，来料加工。现生产部门安排铣工组完成此生产任务。

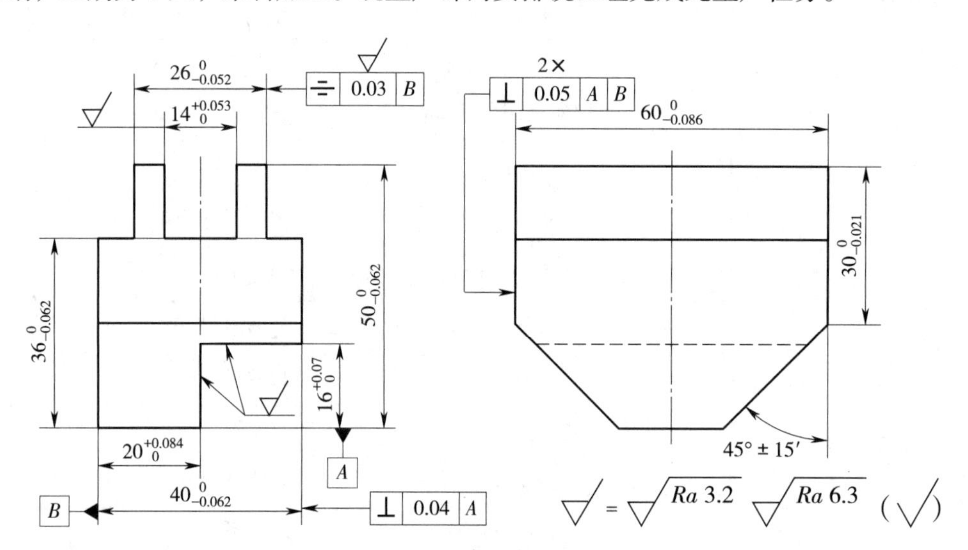

技术要求
零件表面去毛刺。
a)

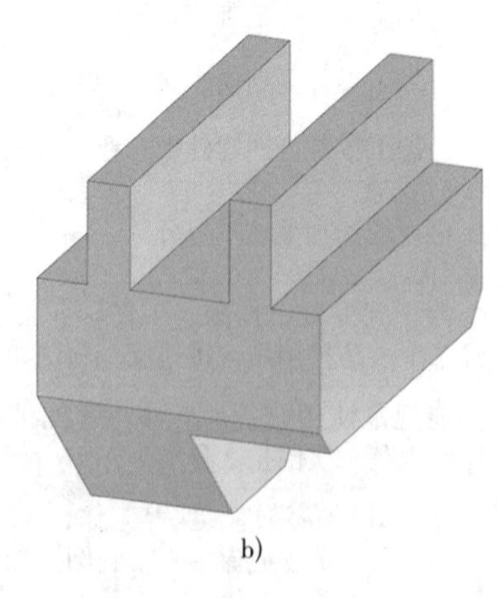

b)

图 9-1　镶块
a）零件图　b）实体图

二、加工工艺过程

镶块的加工工艺过程见表 9–1。

表 9–1　　　　镶块的加工工艺过程

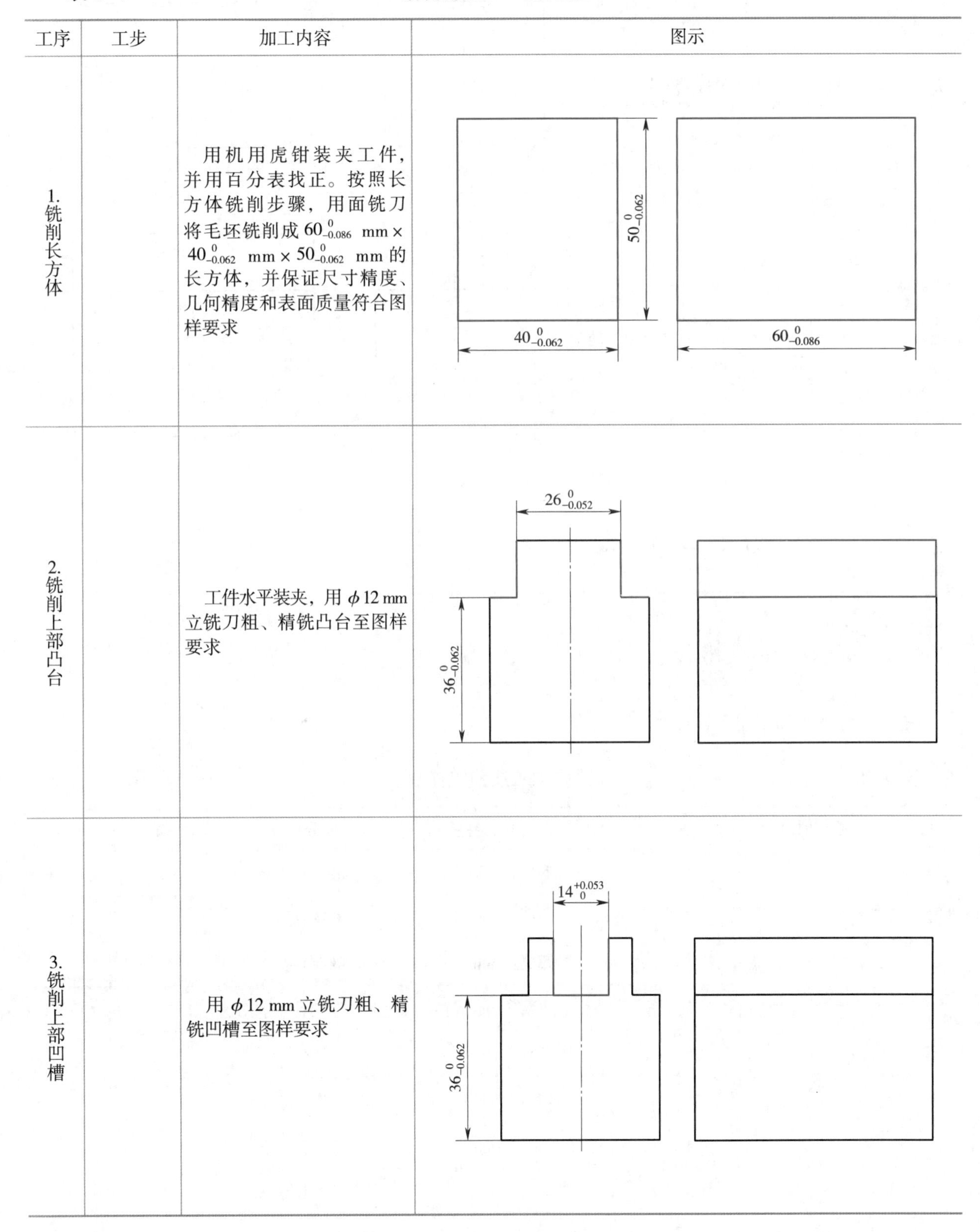

工序	工步	加工内容	图示
1. 铣削长方体		用机用虎钳装夹工件，并用百分表找正。按照长方体铣削步骤，用面铣刀将毛坯铣削成 $60_{-0.086}^{\ 0}$ mm × $40_{-0.062}^{\ 0}$ mm × $50_{-0.062}^{\ 0}$ mm 的长方体，并保证尺寸精度、几何精度和表面质量符合图样要求	$50_{-0.062}^{\ 0}$ $40_{-0.062}^{\ 0}$ $60_{-0.086}^{\ 0}$
2. 铣削上部凸台		工件水平装夹，用 ϕ12 mm 立铣刀粗、精铣凸台至图样要求	$26_{-0.052}^{\ 0}$ $36_{-0.062}^{\ 0}$
3. 铣削上部凹槽		用 ϕ12 mm 立铣刀粗、精铣凹槽至图样要求	$14_{\ 0}^{+0.053}$ $36_{-0.062}^{\ 0}$

续表

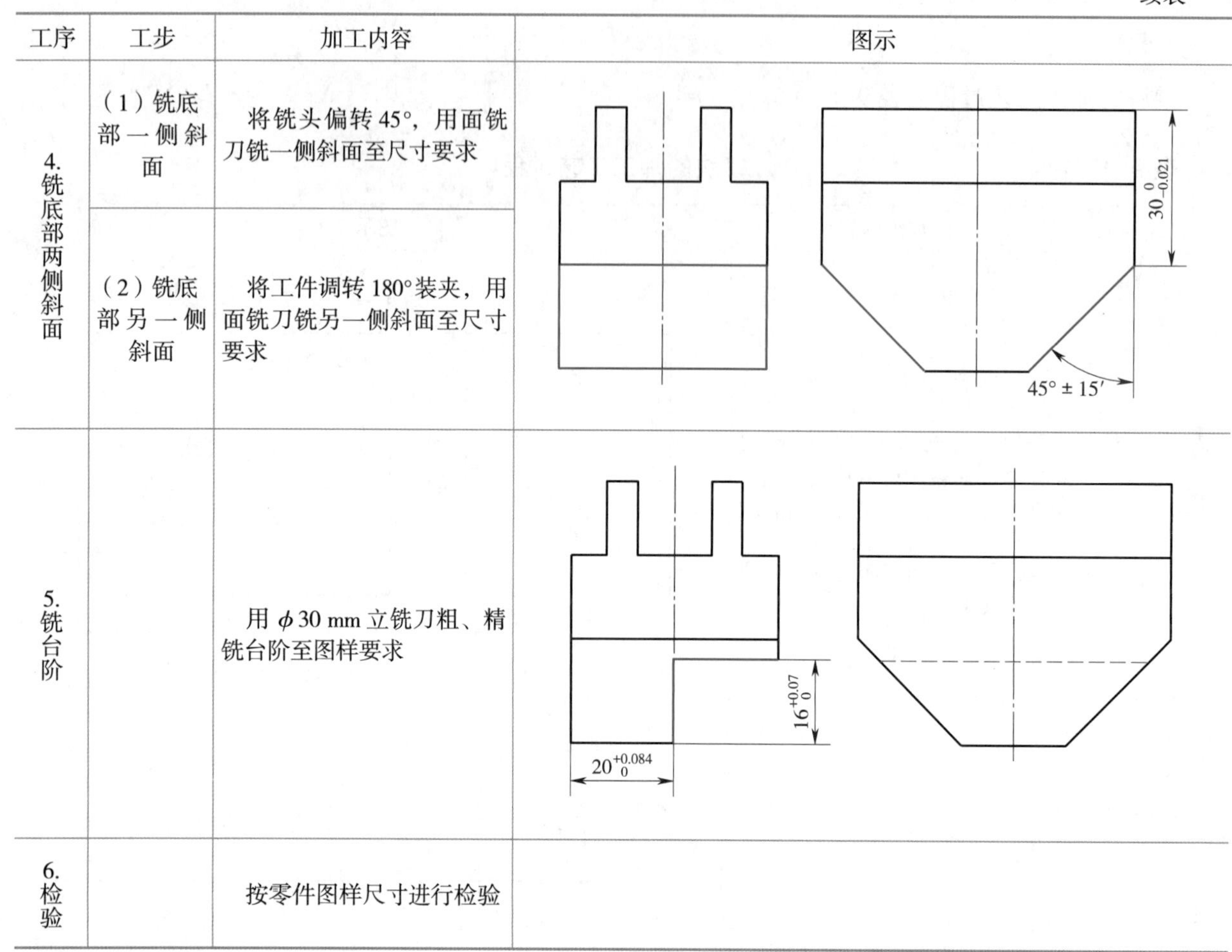

工序	工步	加工内容	图示
4. 铣底部两侧斜面	（1）铣底部一侧斜面	将铣头偏转45°，用面铣刀铣一侧斜面至尺寸要求	$30_{-0.021}^{0}$　45° ± 15′
	（2）铣底部另一侧斜面	将工件调转180°装夹，用面铣刀铣另一侧斜面至尺寸要求	
5. 铣台阶		用 ϕ30 mm 立铣刀粗、精铣台阶至图样要求	$16_{0}^{+0.07}$　$20_{0}^{+0.084}$
6. 检验		按零件图样尺寸进行检验	

三、加工质量检测

表 9–2 为镶块加工质量检测表。

表 9–2　　镶块加工质量检测表

序号	考核项目	配分	考核内容及要求	评分标准	检测结果	得分
1	尺寸（75 分）	5	$60_{-0.086}^{0}$ mm	超差不得分		
2		5	$40_{-0.062}^{0}$ mm	超差不得分		
3		5	$50_{-0.062}^{0}$ mm	超差不得分		
4		5	$20_{0}^{+0.084}$ mm	超差不得分		
5		5	$16_{0}^{+0.07}$ mm	超差不得分		
6		5	$36_{-0.062}^{0}$ mm	超差不得分		
7		5	$14_{0}^{+0.053}$ mm	超差不得分		
8		5	$26_{-0.052}^{0}$ mm	超差不得分		

续表

序号	考核项目	配分	考核内容及要求	评分标准	检测结果	得分
9		5	$30_{-0.021}^{0}$ mm	超差不得分		
10		6	⊥ 0.04 *A*	超差不得分		
11		6	⌯ 0.03 *B*	超差不得分		
12		2×6	⊥ 0.05 *A* *B*（2处）	超差不得分		
13		2×3	45°±15′（2处）	超差不得分		
14	表面粗糙度（12分）	6×1	*Ra*3.2 μm（6处）	超差不得分		
15		12×0.5	*Ra*6.3μm（12处）	降级不得分		
16	主观评分（10分）	3.5	已加工零件去毛刺符合图样要求，否则不得分			
17		3.5	已加工零件无划伤、碰伤和夹伤，否则不得分			
18		3	已加工零件与图样外形一致，否则不得分			
19	更换或添加毛坯（3分）	3	更换或添加毛坯不得分			
20	职业素养	倒扣分	能正确穿戴工作服、工作鞋、安全帽和防护眼镜等个人防护用品，每违反一项倒扣2分			
21			能规范使用设备、工具、量具和辅具，每违反操作规范一次倒扣2分			
22			能做好设备清理、保养工作，未清理或未保养倒扣3分，清理或保养不彻底倒扣2分			
总配分		100	总得分			

学习任务 10　双凹凸槽件普通铣床加工

一、工作情境描述

某企业接到一批双凹凸槽件（图 10–1）加工订单，数量为 30 件，毛坯为 73 mm × 35 mm × 45 mm 块料，材料为 45 钢，工期为 5 天，来料加工。现生产部门安排铣工组完成此生产任务。

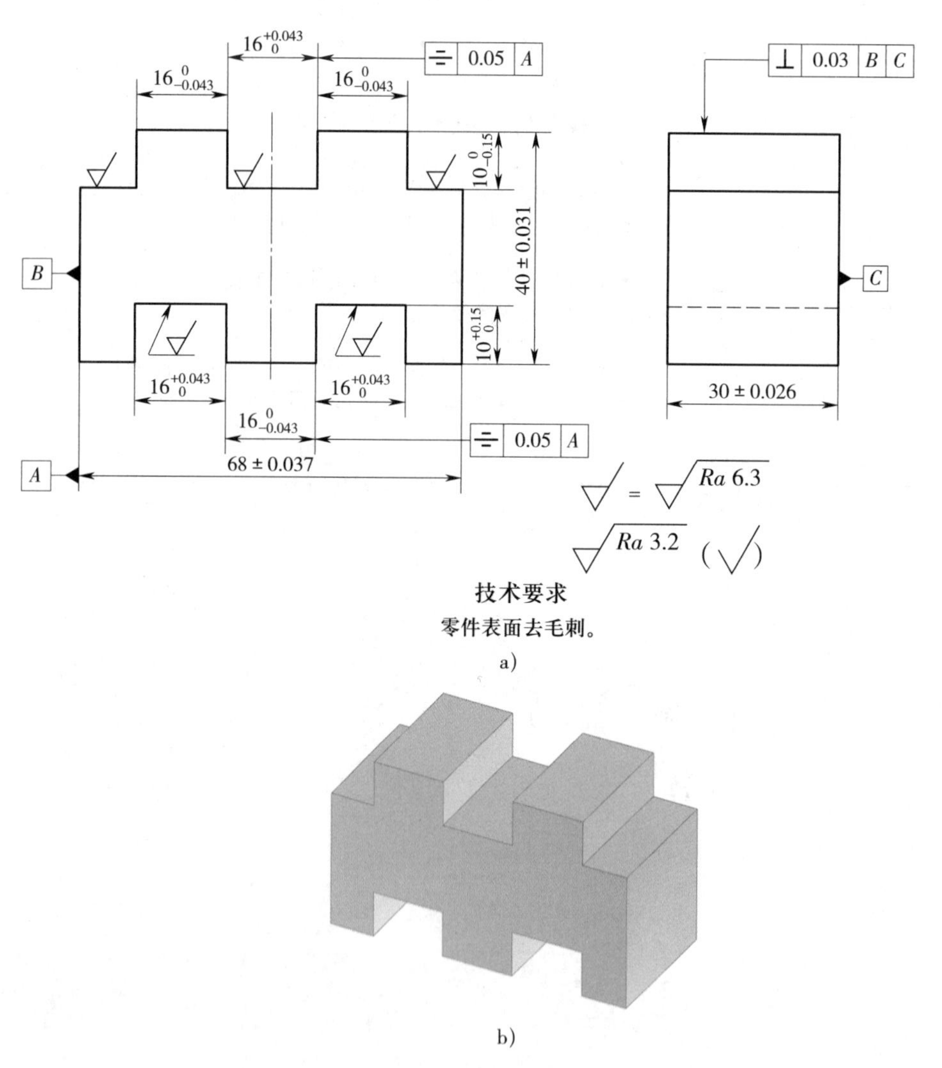

图 10–1　双凹凸槽件
a）零件图　b）实体图

二、加工工艺过程

双凹凸槽件的加工工艺过程见表 10–1。

表 10–1　　双凹凸槽件的加工工艺过程

工序	工步	加工内容	图示
1. 铣削长方体		用机用虎钳装夹工件，并用百分表找正。按照长方体的铣削步骤，用面铣刀将毛坯铣削成（68 ± 0.037）mm ×（30 ± 0.026）mm ×（40 ± 0.031）mm 的长方体，并保证尺寸精度、几何精度和表面质量符合图样要求	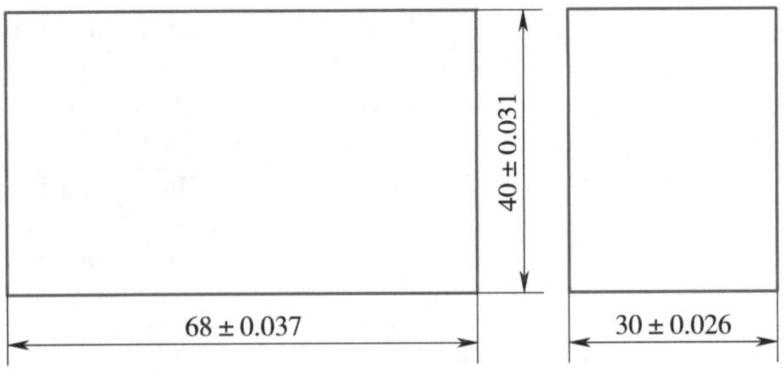 68 ± 0.037；40 ± 0.031；30 ± 0.026
2. 铣削顶部中间直角槽和两侧凸台	（1）铣削顶部中间直角槽	用 ϕ14 mm 立铣刀粗、精铣顶部中间直角槽至图样要求	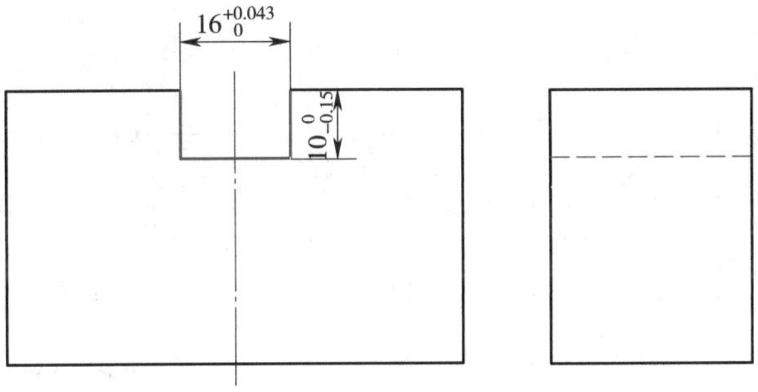 $16^{+0.043}_{0}$；$10^{0}_{-0.15}$
	（2）铣削顶部一侧凸台	用 ϕ14 mm 立铣刀粗、精铣顶部一侧凸台至图样要求	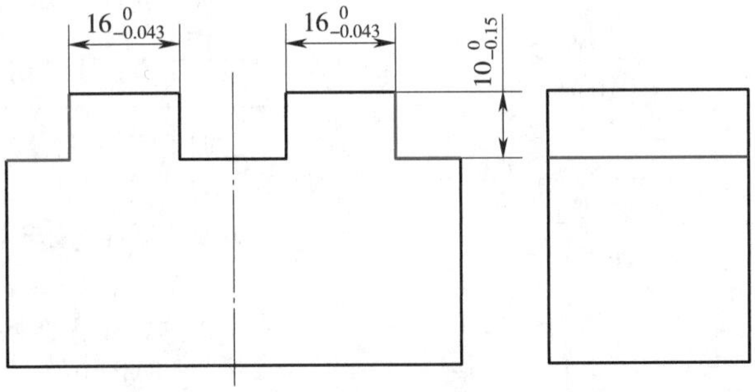 $16^{0}_{-0.043}$；$16^{0}_{-0.043}$；$10^{0}_{-0.15}$
	（3）铣削顶部另一侧凸台	用 ϕ14 mm 立铣刀粗、精铣顶部另一侧凸台至图样要求	
3. 铣削底部中间凸台、两侧直角槽	（1）铣底部中间凸台	将工件翻转装夹，并用百分表找正。用 ϕ14 mm 立铣刀粗、精铣中间凸台至图样要求	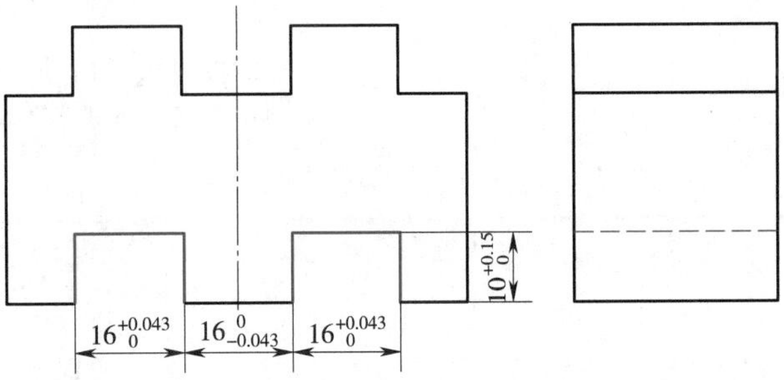 $16^{+0.043}_{0}$；$16^{0}_{-0.043}$；$16^{+0.043}_{0}$；$10^{+0.15}_{0}$
	（2）铣底部两侧直角槽	用 ϕ14 mm 立铣刀粗、精铣两侧直角槽至图样要求	
4. 检验		按零件图样尺寸进行检验	

三、加工质量检测

表 10–2 为双凹凸槽件加工质量检测表。

表 10–2　　双凹凸槽件加工质量检测表

序号	考核项目	配分	考核内容及要求	评分标准	检测结果	得分
1	尺寸（68 分）	3×4	$16_{-0.043}^{0}$ mm（3 处）	超差不得分		
2		3×4	$10_{-0.15}^{0}$ mm（3 处）	超差不得分		
3		3×4	$16_{0}^{+0.043}$ mm（3 处）	超差不得分		
4		4	（68±0.037）mm	超差不得分		
5		4	（30±0.026）mm	超差不得分		
6		4	（40±0.031）mm	超差不得分		
7		2×4	$10_{0}^{+0.15}$ mm（2 处）	超差不得分		
8		2×4	⌯ 0.05 A（2 处）	超差不得分		
9		4	⊥ 0.03 B C	超差不得分		
10	表面粗糙度（19 分）	14×1	*Ra*3.2 μm（14 处）	降级不得分		
11		5×1	*Ra*6.3 μm（5 处）	降级不得分		
12	主观评分（10 分）	3.5	已加工零件去毛刺符合图样要求，否则不得分			
13		3.5	已加工零件无划伤、碰伤和夹伤，否则不得分			
14		3	已加工零件与图样外形一致，否则不得分			
15	更换或添加毛坯（3 分）	3	更换或添加毛坯不得分			
16	职业素养	倒扣分	能正确穿戴工作服、工作鞋、安全帽和防护眼镜等个人防护用品，每违反一项倒扣 2 分			
17			能规范使用设备、工具、量具和辅具，每违反操作规范一次倒扣 2 分			
18			能做好设备清理、保养工作，未清理或未保养倒扣 3 分，清理或保养不彻底倒扣 2 分			
总配分		100	总得分			

学习任务 11　V 形定位块普通铣床加工

一、工作情境描述

某企业接到一批 V 形定位块（图 11–1）的加工订单，数量为 30 件，毛坯为 90 mm × 45 mm × 40 mm 块料，材料为 45 钢，工期为 5 天，来料加工。现生产部门安排铣工组完成此生产任务。

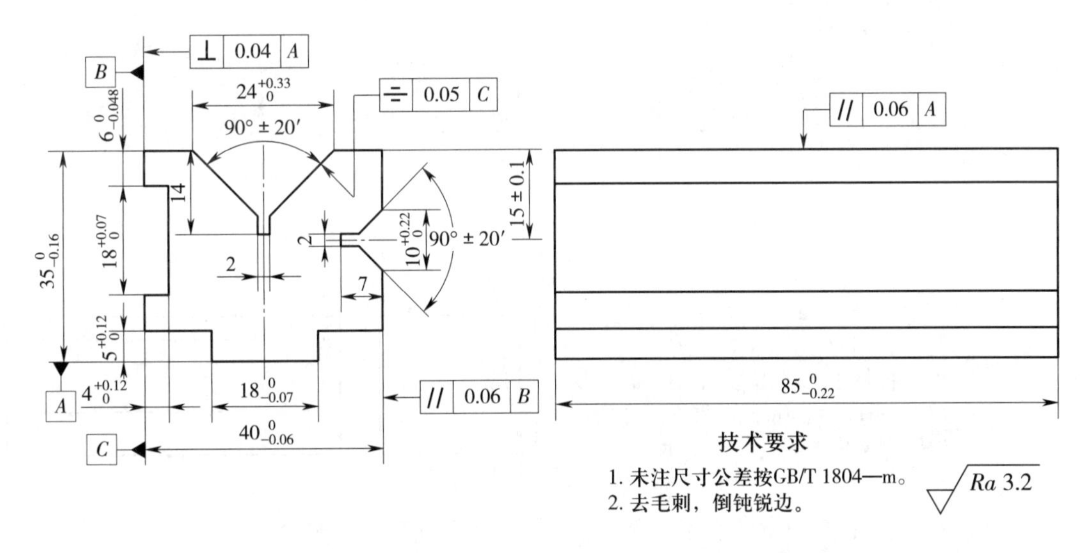

a)

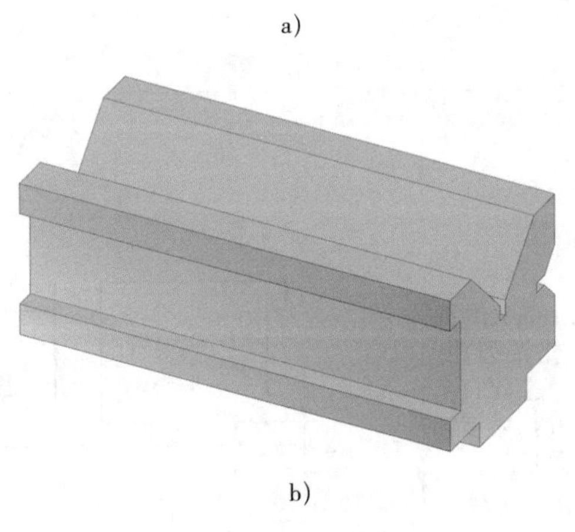

b)

图 11–1　V 形定位块

a）零件图　b）实体图

二、加工工艺过程

V形定位块加工工艺过程见表11-1。

表11-1 V形定位块加工工艺过程

工序	工步	加工内容	图示
1.铣削长方体		用机用虎钳装夹工件，并用百分表找正。按照长方体铣削步骤，用面铣刀将毛坯铣削成$85_{-0.22}^{0}$ mm×$40_{-0.06}^{0}$ mm×$35_{-0.16}^{0}$ mm的长方体，并保证尺寸精度、几何精度和表面质量符合图样要求	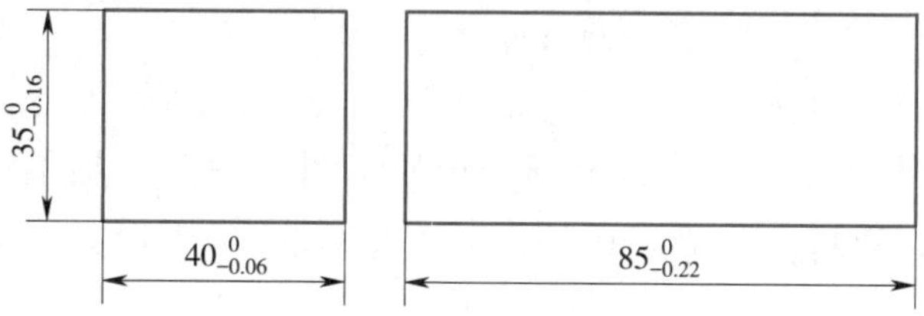 $35_{-0.16}^{0}$ $40_{-0.06}^{0}$ $85_{-0.22}^{0}$
2.铣削V形定位块左侧凹槽		将工件左侧向上装夹并找正，用ϕ16 mm立铣刀粗、精铣V形定位块左侧$18_{0}^{+0.07}$ mm×$4_{0}^{+0.12}$ mm的凹槽至尺寸要求	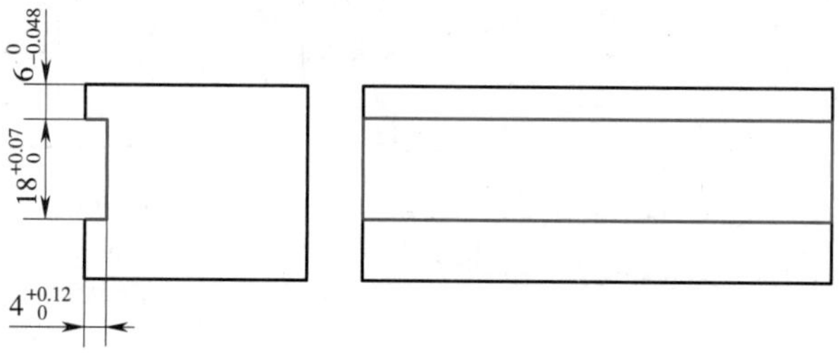 $6_{-0.048}^{0}$ $18_{0}^{+0.07}$ $4_{0}^{+0.12}$
3.铣削V形定位块底部凸台		将工件底部向上装夹并找正，用ϕ16 mm立铣刀粗、精铣V形定位块底部凸台，保证尺寸精度、几何精度和表面质量符合图样要求	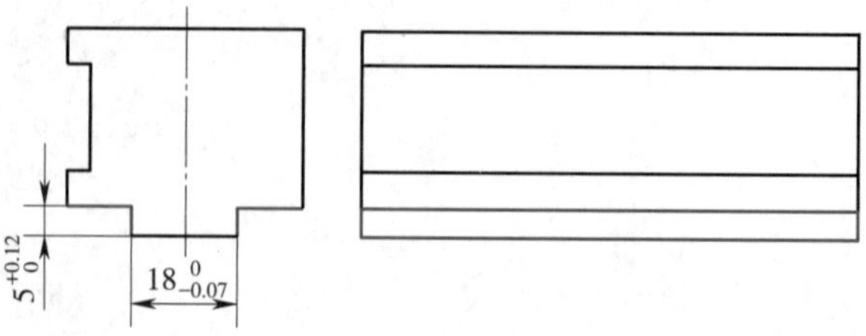 $5_{0}^{+0.12}$ $18_{-0.07}^{0}$

续表

工序	工步	加工内容	图示
4. 铣削V形定位块顶部中间窄槽和V形槽	（1）铣削 2 mm 宽的窄槽	用锯片铣刀铣削 V 形定位块中间 2 mm 窄槽至尺寸要求	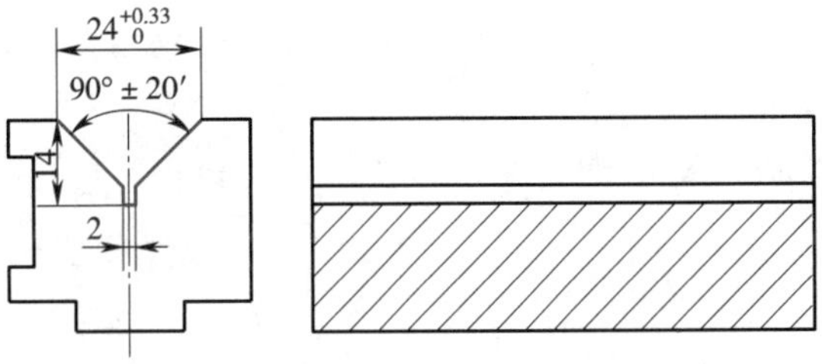
	（2）粗铣V形槽	将立铣头偏转 45°，用立铣刀粗铣 V 形槽一侧，留 1 mm 精铣余量，铣完后，将工件调转 180°后夹紧，再铣另一侧槽	$24^{+0.33}_{0}$ 90° ± 20′ 4 2
	（3）精铣V形槽	根据测量得到的实际尺寸，调整工件的精加工铣削用量，完成 V 形槽的精加工	
5. 铣削V形定位块右侧中间窄槽和V形槽	（1）铣削 2 mm 宽的窄槽	将工件右侧向上装夹并找正，用锯片铣刀铣削 V 形定位块右侧中间 2 mm 窄槽至尺寸要求	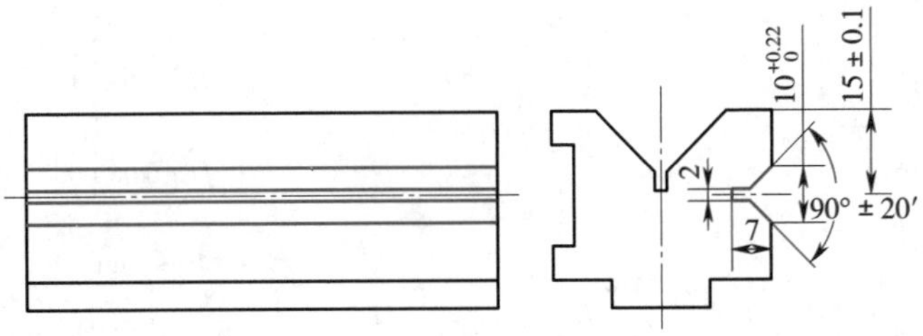
	（2）粗铣V形槽	将立铣头偏转 45°，用立铣刀粗铣 V 形槽一侧，留 1 mm 精铣余量，铣完后，将工件调转 180°后夹紧，再铣另一侧槽	$10^{+0.22}_{0}$ 15 ± 0.1 2 7 90° ± 20′
	（3）精铣V形槽	根据测量得到的实际尺寸，调整工件的精加工铣削用量，完成 V 形槽的精加工	
6. 检验		按零件图样尺寸进行检验	

三、加工质量检测

表 11–2 为 V 形定位块加工质量检测表。

表 11–2　　　　V 形定位块加工质量检测表

序号	考核项目	配分	考核内容及要求	评分标准	检测结果	得分
1	主要尺寸（59 分）	4	$85_{-0.22}^{0}$ mm	超差不得分		
2		4	$40_{-0.06}^{0}$ mm	超差不得分		
3		4	$35_{-0.16}^{0}$ mm	超差不得分		
4		2×4	90° ± 20′（2 处）	超差不得分		
5		4	$24_{0}^{+0.33}$ mm	超差不得分		
6		4	$10_{0}^{+0.22}$ mm	超差不得分		
7		4	$18_{-0.07}^{0}$ mm	超差不得分		
8		3	$5_{0}^{+0.12}$ mm	超差不得分		
9		3	$4_{0}^{+0.12}$ mm	超差不得分		
10		3	$18_{0}^{+0.07}$ mm	超差不得分		
11		3	$6_{-0.048}^{0}$ mm	超差不得分		
12		3	（15 ± 0.1）mm	超差不得分		
13		3	⊥ 0.04 *A*	超差不得分		
14		3	⌯ 0.05 *C*	超差不得分		
15		3	// 0.06 *A*	超差不得分		
16		3	// 0.06 *B*	超差不得分		
17	次要尺寸（8 分）	2	14 mm	超差不得分		
18		2×2	2 mm（2 处）	超差不得分		
19		2	7 mm	超差不得分		
20	表面粗糙度（20 分）	20×1	*Ra*3.2 μm（20 处）	降级不得分		
21	主观评分（10 分）	3.5	已加工零件倒钝锐边、去毛刺符合图样要求，否则不得分			
22		3.5	已加工零件无划伤、碰伤和夹伤，否则不得分			
23		3	已加工零件与图样外形一致，否则不得分			
24	更换或添加毛坯（3 分）	3	更换或添加毛坯不得分			

续表

序号	考核项目	配分	考核内容及要求	评分标准	检测结果	得分
25	职业素养	倒扣分	能正确穿戴工作服、工作鞋、安全帽和防护眼镜等个人防护用品，每违反一项倒扣 2 分			
26			能规范使用设备、工具、量具和辅具，每违反操作规范一次倒扣 2 分			
27			能做好设备清理、保养工作，未清理或未保养倒扣 3 分，清理或保养不彻底倒扣 2 分			
总配分		100	总得分			

学习任务 12　十字槽件普通铣床加工

一、工作情境描述

某企业接到一批十字槽件（图 12–1）的加工订单，数量为 30 件，毛坯为 65 mm × 45 mm × 55 mm 块料，材料为 45 钢，工期为 5 天，来料加工。现生产部门安排铣工组完成此生产任务。

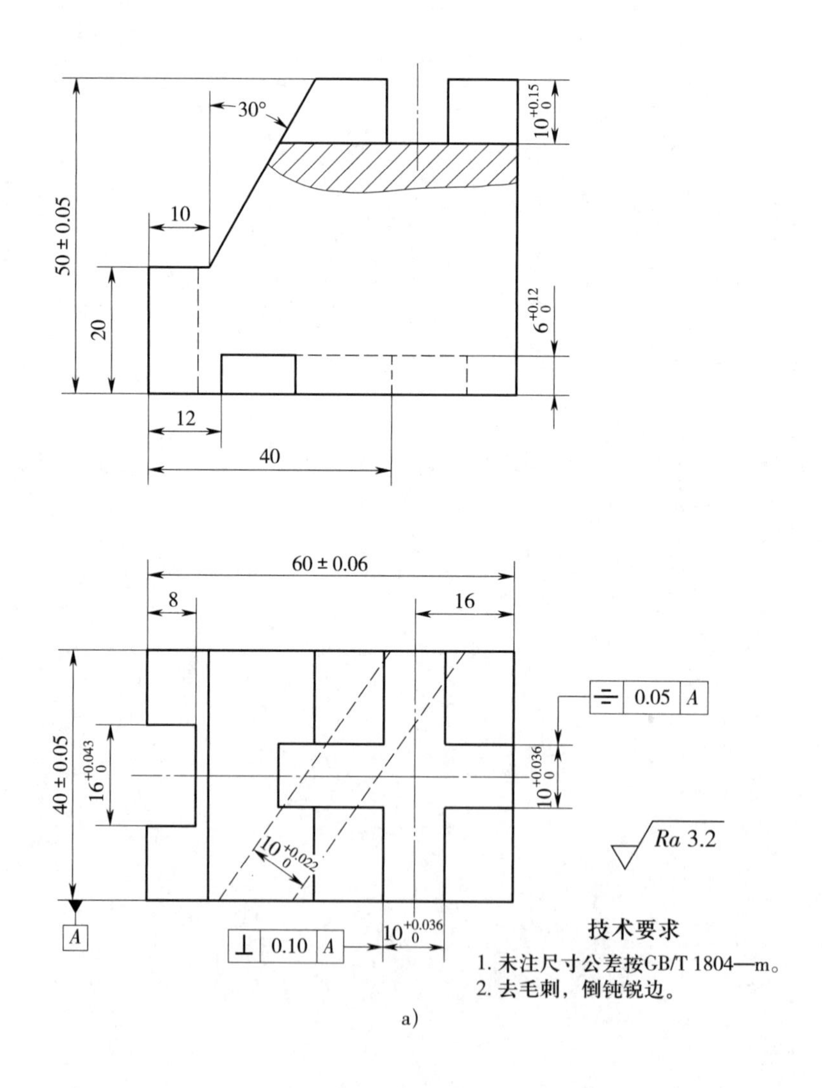

a)

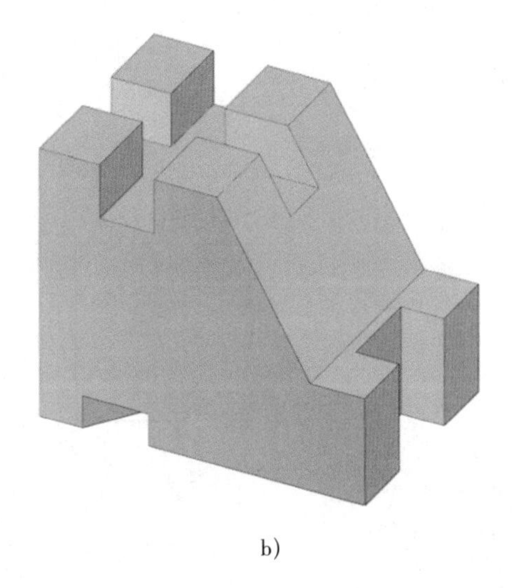

b）

图 12–1　十字槽件

a）零件图　b）实体图

二、加工工艺过程

十字槽件加工工艺过程见表 12–1。

表 12–1　　十字槽件加工工艺过程

工序	工步	加工内容	图示
1. 铣削长方体		用机用虎钳装夹工件，并用百分表找正。按照长方体铣削步骤，用面铣刀将毛坯铣削成（60 ± 0.06）mm ×（40 ± 0.05）mm ×（50 ± 0.05）mm 的长方体，并保证尺寸精度、几何精度和表面质量符合图样要求	50 ± 0.05 60 ± 0.06 40 ± 0.05

续表

工序	工步	加工内容	图示
2. 铣削左侧台阶		将工件向上装夹并找正，用 ϕ16 mm 立铣刀粗、精铣左侧 20 mm × 10 mm 的台阶至尺寸要求	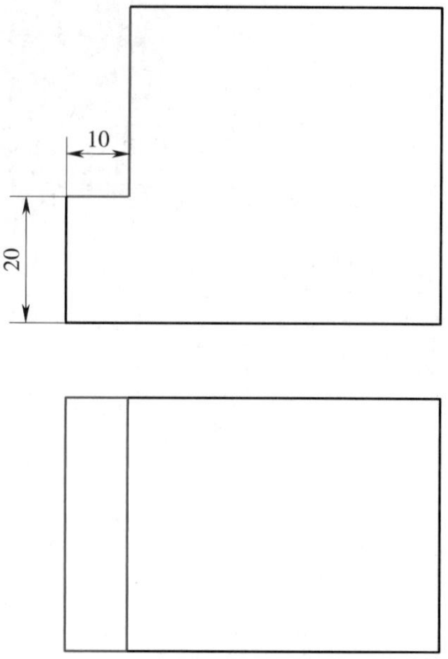 10 20
3. 铣削与竖直面成 30° 角的斜面		将立铣头偏转 30°，用 ϕ16 mm 立铣刀粗、精铣与竖直面成 30°角的斜面至图样要求	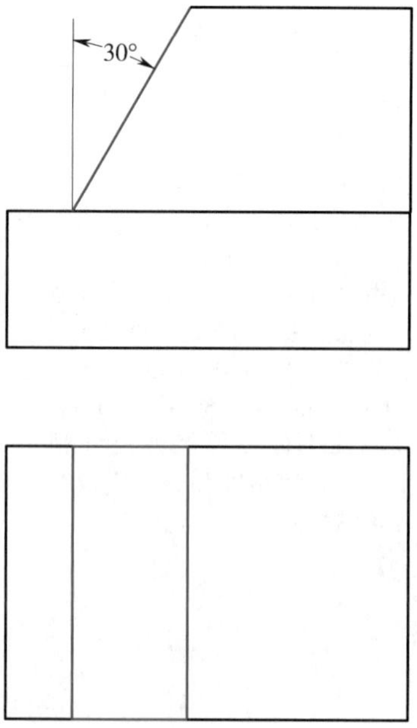 30°

续表

工序	工步	加工内容	图示
4.铣削顶部十字槽		用 ϕ8 mm 立铣刀粗、精铣十字槽至图样要求	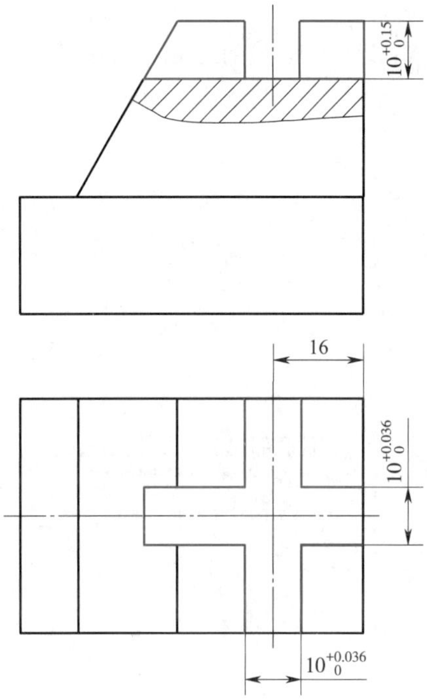 $10^{+0.15}_{0}$　16　$10^{+0.036}_{0}$　$10^{+0.036}_{0}$
5.铣削左侧中间槽		工件左侧向上装夹并找正，用 ϕ12 mm 立铣刀粗、精铣左侧中间 $16^{+0.043}_{0}$ mm 宽、8 mm 深的槽至尺寸要求	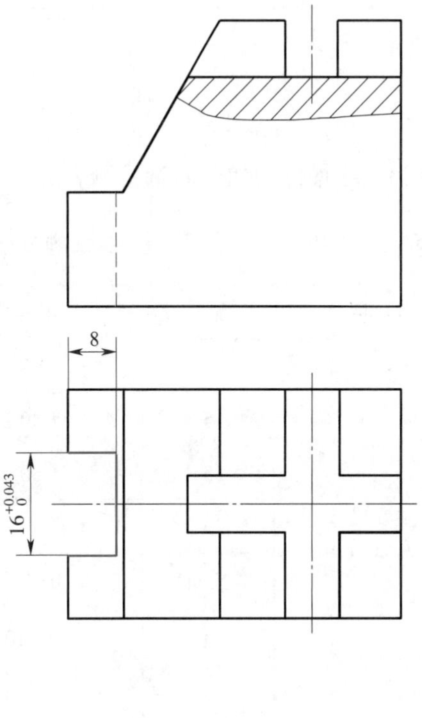 8　$16^{+0.043}_{0}$

续表

工序	工步	加工内容	图示
6.铣削底部斜槽	（1）划线	根据给定的尺寸，对底部斜槽进行划线	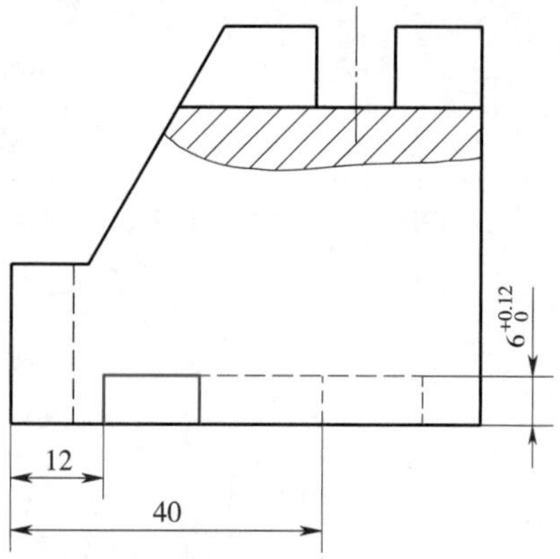
	（2）铣削斜槽	工件底部向上装夹并找正，用 ϕ8 mm 立铣刀沿划线粗、精铣斜槽至图样要求	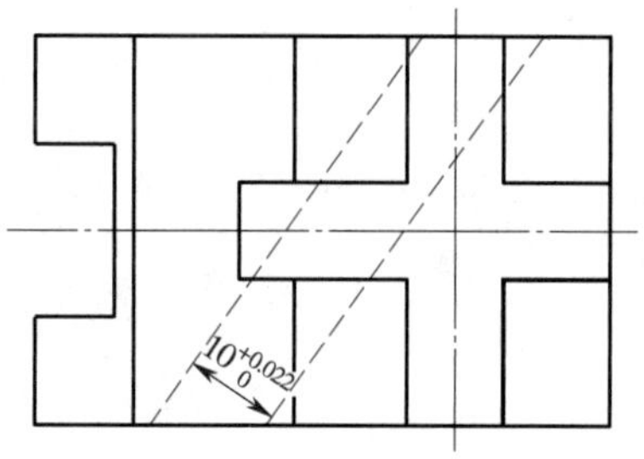
7.检验		按零件图样尺寸进行检验	

三、加工质量检测

表 12–2 为十字槽件的加工质量检测表。

表 12–2　　十字槽件的加工质量检测表

序号	考核项目	配分	考核内容及要求	评分标准	检测结果	得分
1	主要尺寸（52 分）	5	（60 ± 0.06）mm	超差不得分		
2		5	（40 ± 0.05）mm	超差不得分		
3		5	（50 ± 0.05）mm	超差不得分		
4		5	30°	超差不得分		
5		2 × 4	$10^{+0.036}_{0}$ mm（2 处）	超差不得分		
6		4	$10^{+0.022}_{0}$ mm	超差不得分		
7		4	$10^{+0.15}_{0}$ mm	超差不得分		

续表

序号	考核项目	配分	考核内容及要求	评分标准	检测结果	得分
8		4	$6^{+0.12}_{0}$ mm	超差不得分		
9		4	$16^{+0.043}_{0}$ mm	超差不得分		
10		4	⊥ 0.10 A	超差不得分		
11		4	⌯ 0.05 A	超差不得分		
12	次要尺寸（18 分）	3	8 mm	超差不得分		
13		3	10 mm	超差不得分		
14		3	12 mm	超差不得分		
15		3	16 mm	超差不得分		
16		3	20 mm	超差不得分		
17		3	40 mm	超差不得分		
18	表面粗糙度（17 分）	17 × 1	*Ra*3.2 μm（17 处）	降级不得分		
19	主观评分（10 分）	3.5	已加工零件倒钝锐边、去毛刺符合图样要求，否则不得分			
20		3.5	已加工零件无划伤、碰伤和夹伤，否则不得分			
21		3	已加工零件与图样外形一致，否则不得分			
22	更换或添加毛坯（3 分）	3	更换或添加毛坯不得分			
23	职业素养	倒扣分	能正确穿戴工作服、工作鞋、安全帽和防护眼镜等个人防护用品，每违反一项倒扣 2 分			
24			能规范使用设备、工具、量具和辅具，每违反操作规范一次倒扣 2 分			
25			能做好设备清理、保养工作，未清理或未保养倒扣 3 分，清理或保养不彻底倒扣 2 分			
总配分		100	总得分			

学习任务13 对接组合件普通铣床加工

一、工作情境描述

某企业接到一批对接组合件（图13-1）的加工订单，数量为20套，毛坯为80 mm×46 mm×25 mm块料（每套2件），材料为45钢，工期为5天，来料加工。现生产部门安排铣工组完成此生产任务。

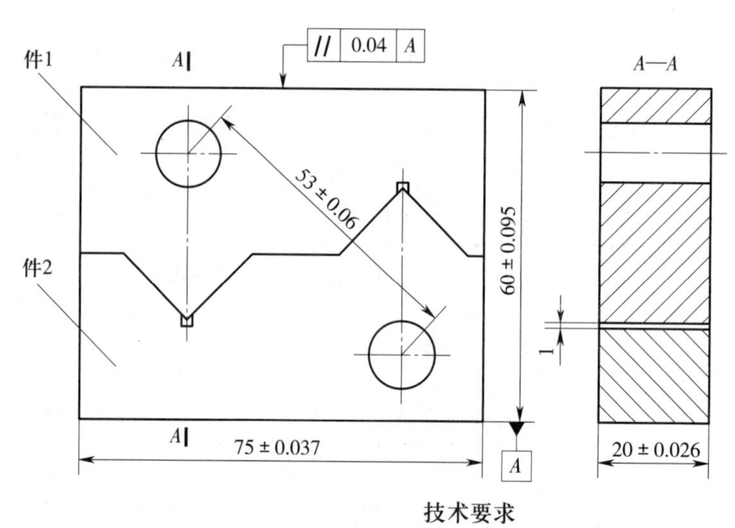

技术要求

1. 件1与件2对接组合后，结合面间隙不大于0.10。
2. 件1与件2对接组合后，外侧面错位量不大于0.20。

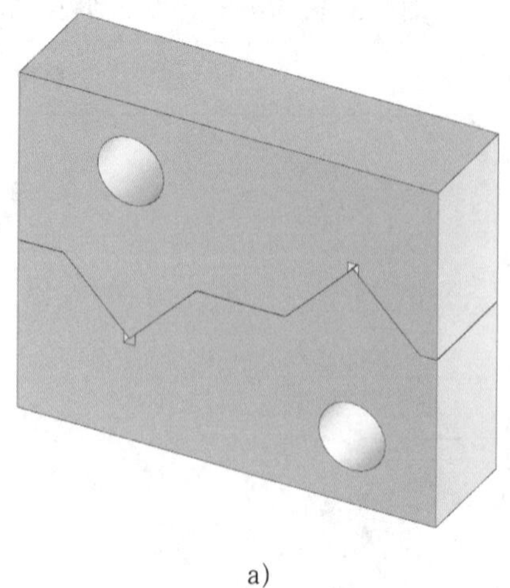

a)

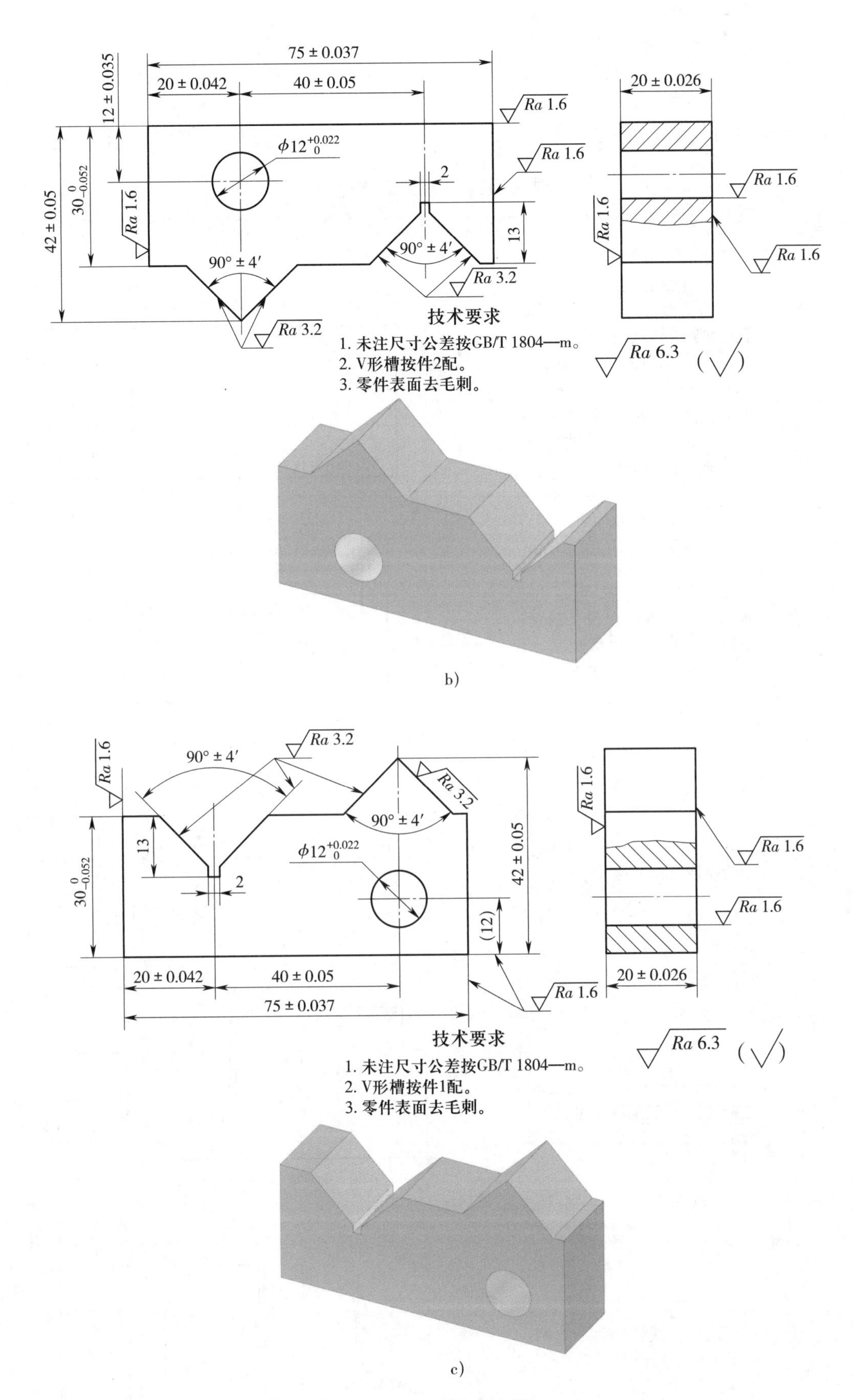

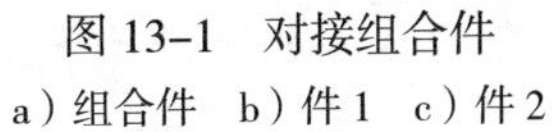

图 13-1　对接组合件

a）组合件　b）件 1　c）件 2

二、加工工艺过程

对接组合件加工工艺过程见表 13–1。

表 13–1　　对接组合件加工工艺过程

工序	工步	加工内容	图示
1. 铣削长方体		用机用虎钳装夹工件，并用百分表找正。按照长方体铣削步骤，用面铣刀将 2 块毛坯铣削成（75 ± 0.037）mm ×（20 ± 0.026）mm ×（42 ± 0.05）mm 的长方体，并保证尺寸精度、几何精度和表面质量符合图样要求	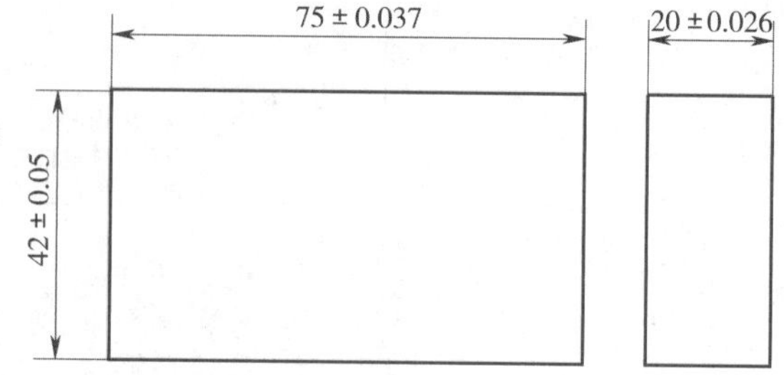 75 ± 0.037　20 ± 0.026　42 ± 0.05
2. 铣削台阶	（1）铣削件 1 的台阶	装夹件 1 并找正，用 ϕ20 mm 键槽铣刀粗、精铣台阶至图样尺寸要求	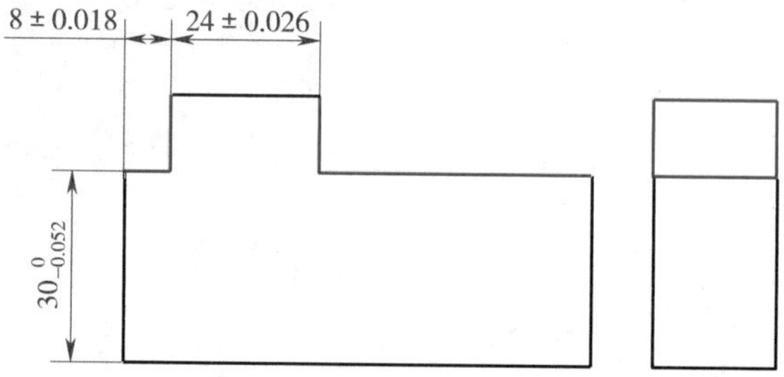 8 ± 0.018　24 ± 0.026　$30^{\ 0}_{-0.052}$
	（2）铣削件 2 的台阶	用同样方法粗、精铣件 2 台阶至图样尺寸要求	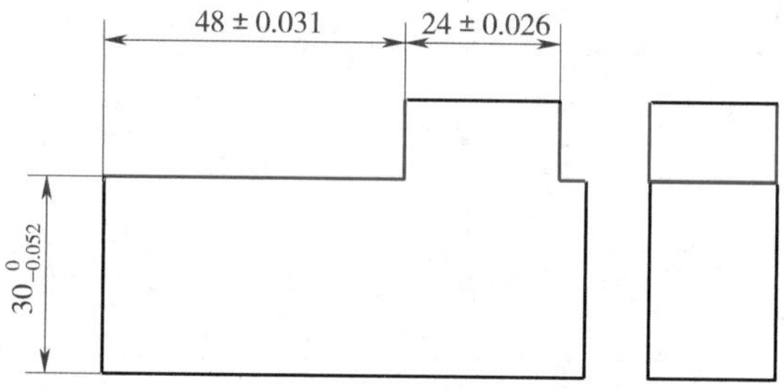 48 ± 0.031　24 ± 0.026　$30^{\ 0}_{-0.052}$
3. 铣削窄槽	（1）铣削件 1 的窄槽	在卧式铣床上，用 2 mm 宽锯片铣刀铣削件 1 上的窄槽至尺寸和位置要求	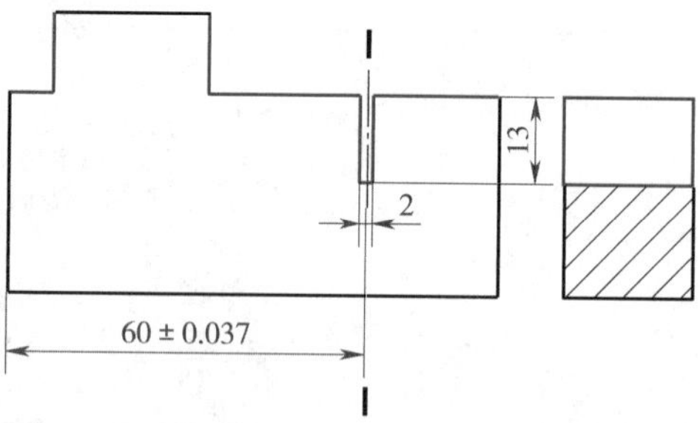 13　2　60 ± 0.037
	（2）铣削件 2 的窄槽	用同样方法铣削件 2 上的窄槽至尺寸和位置要求	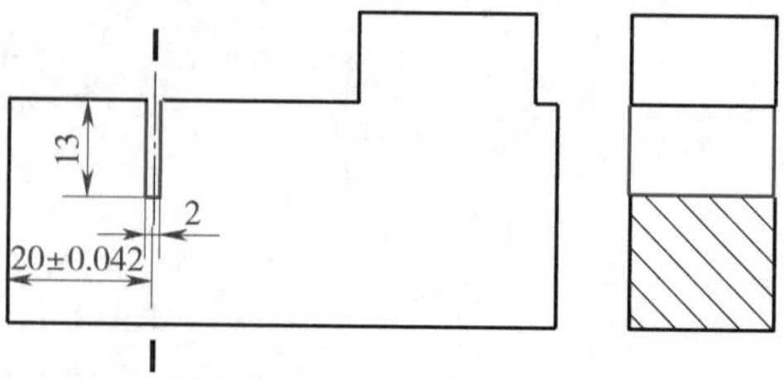 13　2　20±0.042

续表

工序	工步	加工内容	图示
4. 铣削 V 形凸台	（1）铣削件 1 的 V 形凸台	装夹件 1 并找正，将立铣头偏转 45°，用键槽铣刀粗铣 V 形凸台一侧，然后调整铣削深度进行半精铣，保证角度正确后铣至尺寸要求。工件转 180°后重新装夹，按照上述方法铣削凸台另一侧	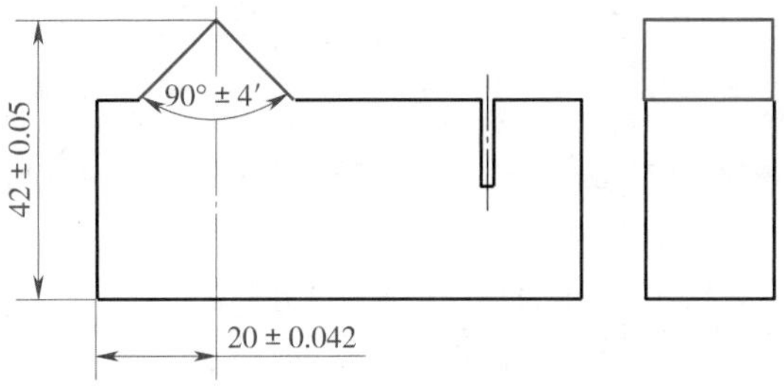
	（2）铣削件 2 的 V 形凸台	用同样方法铣削件 2 的 V 形凸台至尺寸和位置要求	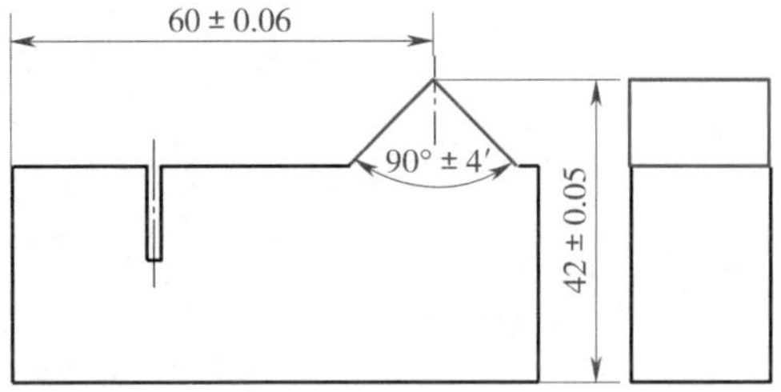
5. 铣削 V 形槽	（1）铣削件 1 的 V 形槽	装夹件 1 并找正，将立铣头偏转 45°，用键槽铣刀粗铣 V 形槽一侧，然后调整铣削深度进行半精铣，保证角度正确后铣至尺寸要求。工件转 180°后重新装夹，按照上述方法铣削 V 形槽另一侧，并用件 2 的 V 形凸台配合铣削至加工要求	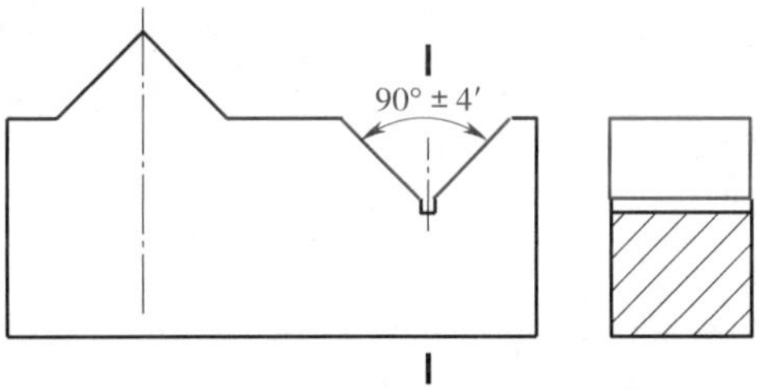
	（2）铣削件 2 的 V 形槽	按照件 1 V 形槽的加工方法，铣削件 2 的 V 形槽至加工要求	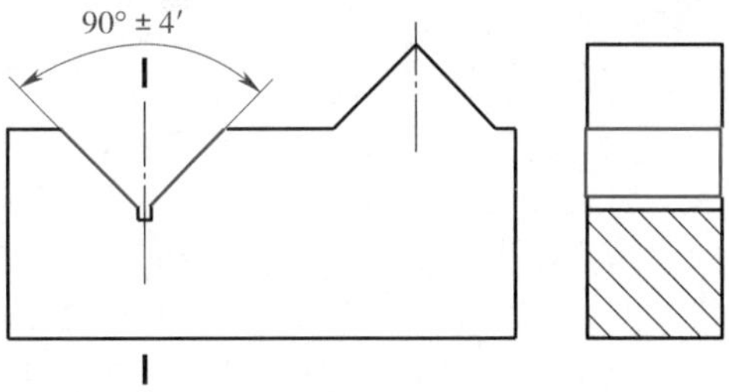
6. 钻孔	（1）钻件 1 上的孔	两件组合后，装夹在机用虎钳上，划出件 1 和件 2 上孔的位置。用 ϕ11.8 mm 麻花钻按划线位置钻件 1 上的孔	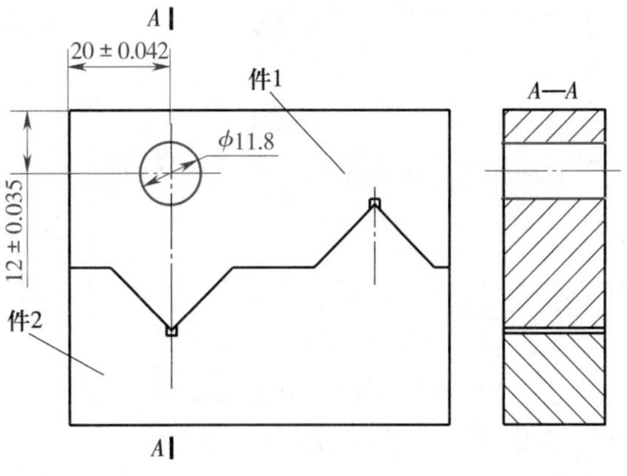

续表

工序	工步	加工内容	图示
6.钻孔	(2)钻件2上的孔	移动麻花钻至件2孔的位置进行钻孔	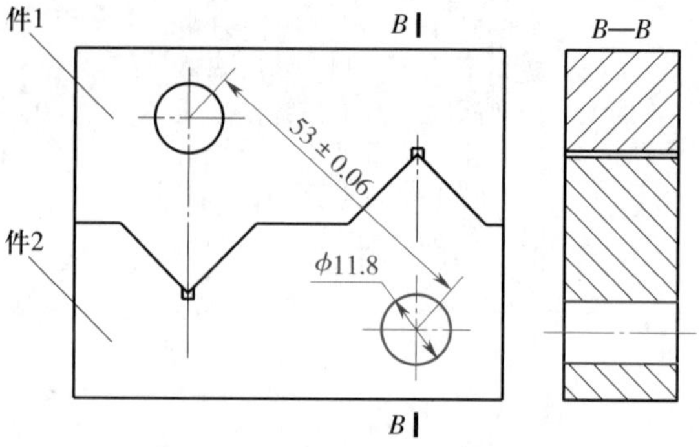 件1 B B—B 53±0.06 件2 φ11.8 B
7.铰孔	(1)铰件1上的孔	更换φ12H7铰刀，铰件1上的孔至图样要求	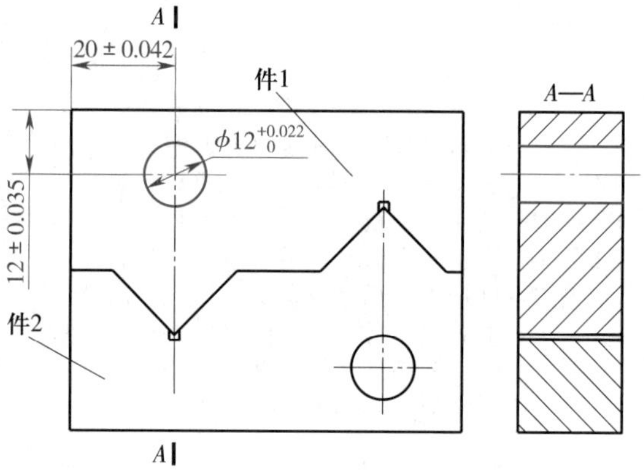 A 20±0.042 件1 A—A $\phi12^{+0.022}_{0}$ 12±0.035 件2 A
	(2)铰件2上的孔	移动φ12H7铰刀至件2孔的位置，铰孔至图样要求	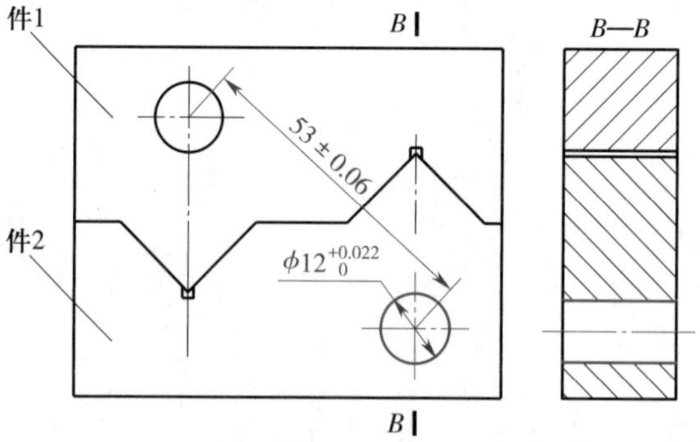 件1 B B—B 53±0.06 件2 $\phi12^{+0.022}_{0}$ B
8.检验		按零件图样尺寸进行检验	

三、加工质量检测

表 13–2 为对接组合件质量检测表。

表 13–2　　　　对接组合件质量检测表

序号	考核项目	配分	考核内容及要求	评分标准	检测结果	得分
1	工件 1（35 分）	2×2	$30_{-0.052}^{0}$ mm（2 处）	超差不得分		
2		2	（42±0.05）mm	超差不得分		
3		2	（12±0.035）mm	超差不得分		
4		2	（20±0.042）mm	超差不得分		
5		2	（40±0.05）mm	超差不得分		
6		2	（75±0.037）mm	超差不得分		
7		2	（20±0.026）mm	超差不得分		
8		2×3	90°±4′（2 处）	超差不得分		
9		2	$\phi\ 12_{0}^{+0.022}$ mm	超差不得分		
10		2	13 mm	超差不得分		
11		1.5	2 mm	超差不得分		
12		6×0.5	*Ra*1.6 μm（6 处）	降级不得分		
13		4×0.5	*Ra*3.2 μm（4 处）	降级不得分		
14		5×0.5	*Ra*6.3 μm（5 处）	降级不得分		
15	工件 2（33 分）	2×2	$30_{-0.052}^{0}$ mm（2 处）	超差不得分		
16		2	（42±0.05）mm	超差不得分		
17		2	（20±0.042）mm	超差不得分		
18		2	（40±0.05）mm	超差不得分		
19		2	（75±0.037）mm	超差不得分		
20		2	（20±0.026）mm	超差不得分		
21		2×3	90°±4′（2 处）	超差不得分		
22		2	$\phi\ 12_{0}^{+0.022}$ mm	超差不得分		
23		2	13 mm	超差不得分		
24		1.5	2 mm	超差不得分		
25		6×0.5	*Ra*1.6 μm（6 处）	降级不得分		

续表

序号	考核项目	配分	考核内容及要求	评分标准	检测结果	得分
26		4 × 0.5	*Ra*3.2 μm（4 处）	降级不得分		
27		5 × 0.5	*Ra*6.3 μm（5 处）	降级不得分		
28	配合件（19 分）	2	（53 ± 0.06）mm	超差不得分		
29		2	（75 ± 0.037）mm	超差不得分		
30		2	（60 ± 0.095）mm	超差不得分		
31		2	（20 ± 0.026）mm	超差不得分		
32		2	// 0.04 A	超差不得分		
33		2 × 1	外侧面错位量≤ 0.20 mm（2 处）	超差不得分		
34		7 × 1	结合面间隙≤ 0.10 mm（7 处）	超差不得分		
35	主观评分（10 分）	3.5	已加工零件去毛刺符合图样要求，否则不得分			
36		3.5	已加工零件无划伤、碰伤和夹伤，否则不得分			
37		3	已加工零件与图样外形一致，否则不得分			
38	更换或添加毛坯（3 分）	3	更换或添加毛坯不得分			
39	职业素养	倒扣分	能正确穿戴工作服、工作鞋、安全帽和防护眼镜等个人防护用品，每违反一项倒扣 2 分			
40			能规范使用设备、工具、量具和辅具，每违反操作规范一次倒扣 2 分			
41			能做好设备清理、保养工作，未清理或未保养倒扣 3 分，清理或保养不彻底倒扣 2 分			
总配分		100	总得分			

学习任务 14　支承座普通铣床加工

一、工作情境描述

某企业接到一批支承座（图 14–1）的加工订单，数量为 30 件，毛坯为 65 mm × 45 mm × 50 mm 块料，材料为 45 钢，工期为 5 天，来料加工。现生产部门安排铣工组完成此生产任务。

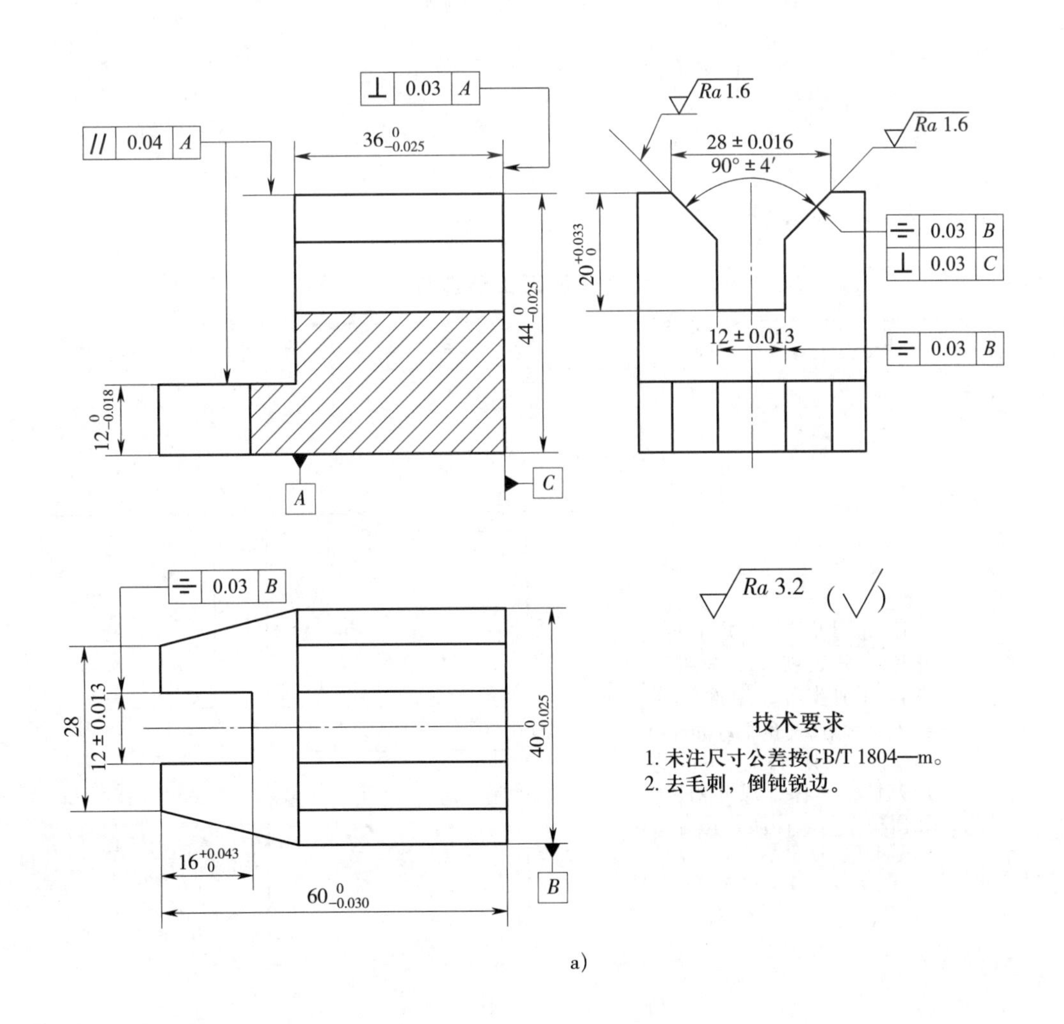

a)

b)

图 14-1 支承座

a）零件图 b）实体图

二、加工工艺过程

支承座加工工艺过程见表 14-1。

表 14-1 **支承座加工工艺过程**

工序	工步	加工内容	图示
1. 铣削长方体		用机用虎钳装夹工件，并用百分表找正。按照长方体铣削步骤，用面铣刀将毛坯铣削成 $60_{-0.030}^{0}$ mm× $40_{-0.025}^{0}$ mm× $44_{-0.025}^{0}$ mm 的长方体，并保证尺寸精度、几何精度和表面质量符合图样要求	$44_{-0.025}^{0}$ $40_{-0.025}^{0}$ $60_{-0.030}^{0}$

续表

工序	工步	加工内容	图示
2. 铣削左侧台阶		将工件向上装夹并找正，用 ϕ30 mm 立铣刀粗、精铣左侧台阶，保证尺寸精度、几何精度和表面质量符合图样要求	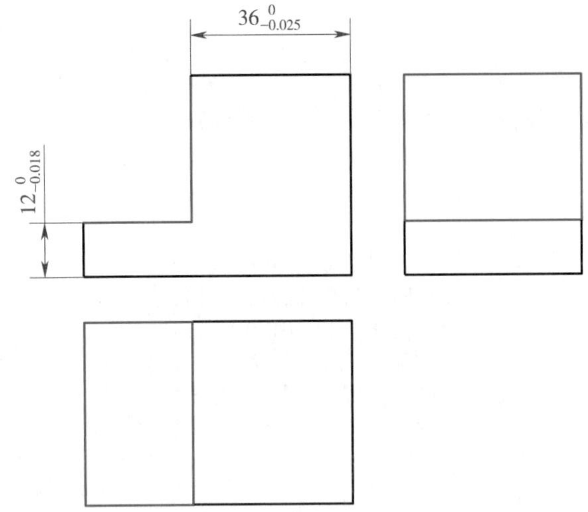 $36^{0}_{-0.025}$　$12^{0}_{-0.018}$
3. 铣削直槽		用 ϕ10 mm 立铣刀粗、精铣（12±0.013）mm 直槽，保证尺寸精度、几何精度和表面质量符合图样要求	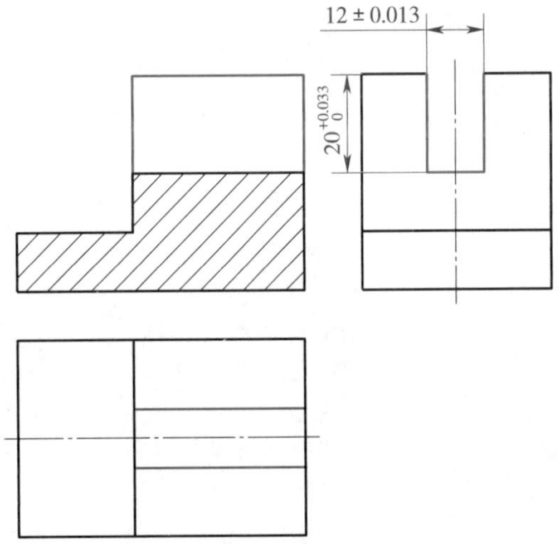 12±0.013　$20^{+0.033}_{0}$
4. 铣削V形槽	（1）粗铣V形槽	将立铣头偏转 45°，用立铣刀粗铣 V 形槽一侧，留 1 mm 精铣余量，铣完后，将工件调转 180°后夹紧，再铣另一侧	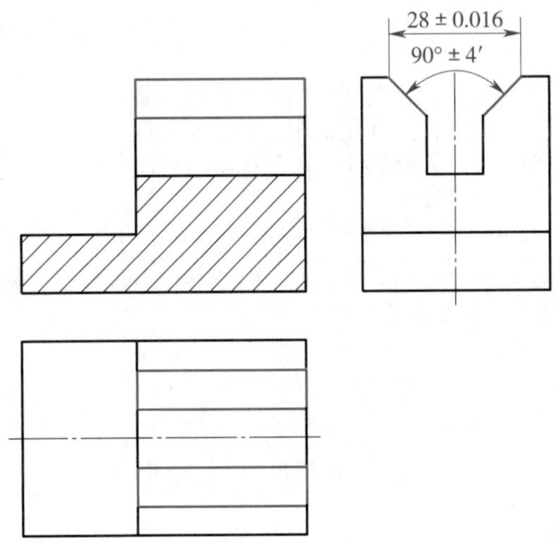 28±0.016　90°±4′
	（2）精铣V形槽	根据测量得到的实际尺寸，调整工件的精加工铣削用量，完成 V 形槽的精加工，保证尺寸精度、几何精度和表面质量符合图样要求	

续表

工序	工步	加工内容	图示
5.铣削左侧中间直槽		工件左侧向上装夹并找正，用 ϕ10 mm 立铣刀粗、精铣左侧中间（12 ± 0.013）mm 宽的直槽，保证尺寸精度、几何精度和表面质量符合图样要求	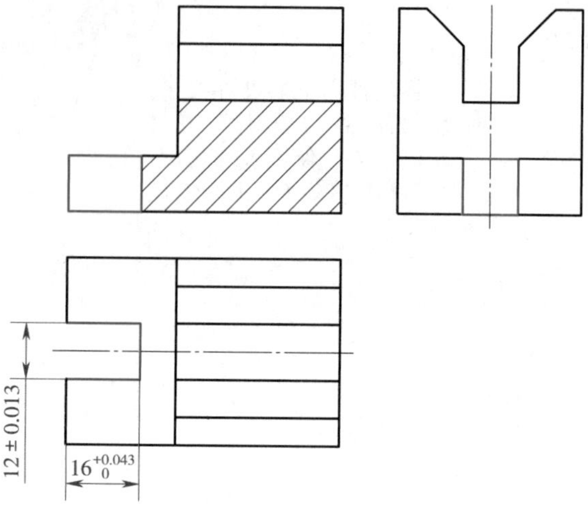 12 ± 0.013 $16^{+0.043}_{0}$
6.铣削左侧斜面	（1）划线	根据给定的尺寸，对左侧斜面进行划线	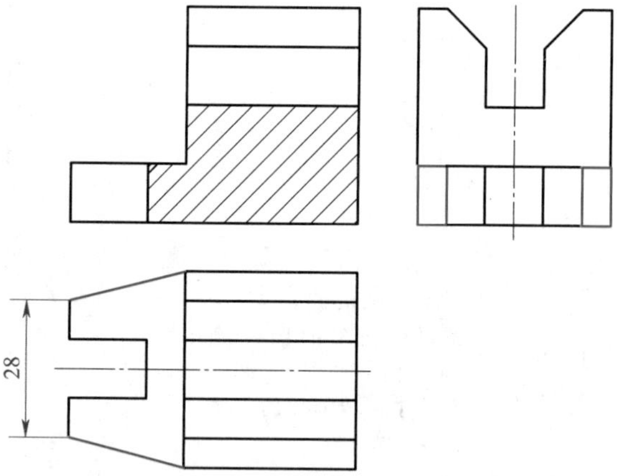 28
	（2）铣削斜面	根据划线调整工件进行装夹并找正，用 ϕ10 mm 立铣刀沿划线粗、精铣斜面至图样要求	
7.检验		按零件图样尺寸进行检验	

三、加工质量检测

表 14–2 为支承座加工质量检测表。

表 14–2　　　　支承座加工质量检测表

序号	考核项目	配分	考核内容及要求	评分标准	检测结果	得分
1	主要尺寸（74 分）	5	$60_{-0.030}^{0}$ mm	超差不得分		
2		5	$40_{-0.025}^{0}$ mm	超差不得分		
3		5	$44_{-0.025}^{0}$ mm	超差不得分		
4		5	$12_{-0.018}^{0}$ mm	超差不得分		
5		4	$36_{-0.025}^{0}$ mm	超差不得分		
6		4	$16_{0}^{+0.043}$ mm	超差不得分		
7		4	$20_{0}^{+0.033}$ mm	超差不得分		
8		2 × 4	（12 ± 0.013）mm（2 处）	超差不得分		
9		5	（28 ± 0.016）mm	超差不得分		
10		5	90° ± 4′	超差不得分		
11		4	⊥ 0.03 A	超差不得分		
12		4	// 0.04 A	超差不得分		
13		3 × 4	⌯ 0.03 B（3 处）	超差不得分		
14		4	⊥ 0.03 C	超差不得分		
15	次要尺寸（3 分）	3	28 mm	超差不得分		
16	表面粗糙度（10 分）	2 × 1	*Ra*1.6 μm（2 处）	降级不得分		
17		16 × 0.5	*Ra*3.2 μm（16 处）	降级不得分		
18	主观评分（10 分）	3.5	已加工零件倒钝锐边、去毛刺符合图样要求，否则不得分			
19		3.5	已加工零件无划伤、碰伤和夹伤，否则不得分			
20		3	已加工零件与图样外形一致，否则不得分			
21	更换或添加毛坯（3 分）	3	更换或添加毛坯不得分			
22	职业素养	倒扣分	能正确穿戴工作服、工作鞋、安全帽和防护眼镜等个人防护用品，每违反一项倒扣 2 分			
23			能规范使用设备、工具、量具和辅具，每违反操作规范一次倒扣 2 分			
24			能做好设备清理、保养工作，未清理或未保养倒扣 3 分，清理或保养不彻底倒扣 2 分			
总配分		100	总得分			

学习任务 15 端盖普通铣床加工

一、工作情境描述

某企业接到一批端盖（图 15-1）的加工订单，数量为 30 件，毛坯为 105 mm × 75 mm × 35 mm 块料，材料为 45 钢，工期为 5 天，来料加工。现生产部门安排铣工组完成此生产任务。

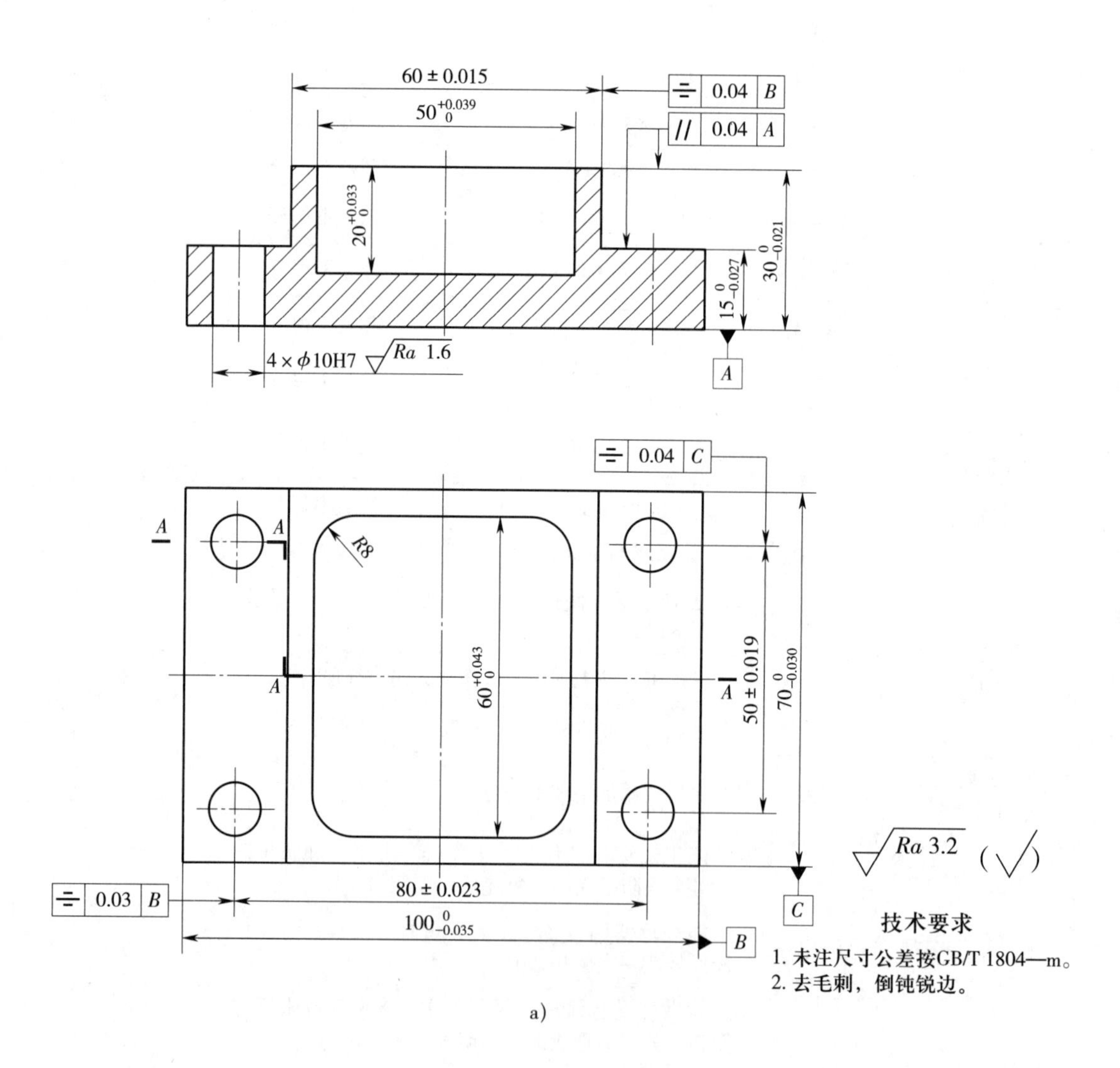

a)

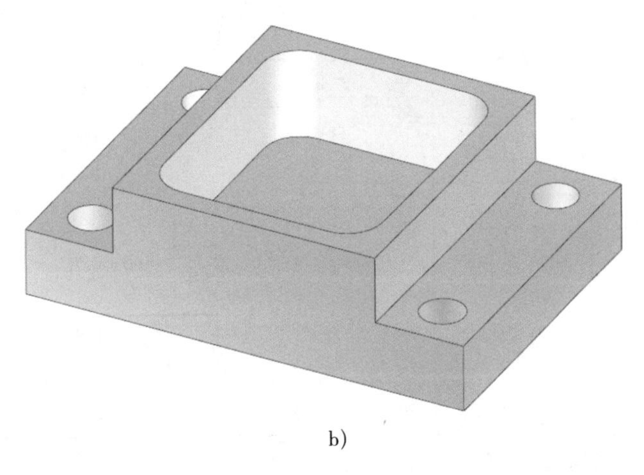

b)

图 15-1　端盖

a）零件图　b）实体图

二、加工工艺过程

端盖加工工艺过程见表 15-1。

表 15-1　　端盖加工工艺过程

工序	工步	加工内容	图示
1. 铣削长方体		用机用虎钳装夹工件，并用百分表找正。按照长方体铣削步骤，用面铣刀将毛坯铣削成 $100_{-0.035}^{0}$ mm × $70_{-0.030}^{0}$ mm × $30_{-0.021}^{0}$ mm 的长方体，并保证尺寸精度、几何精度和表面质量符合图样要求	$30_{-0.021}^{0}$ $70_{-0.030}^{0}$ $100_{-0.035}^{0}$

续表

工序	工步	加工内容	图示
2.铣削台阶		将工件向上装夹并找正，用 ϕ30 mm 立铣刀粗、精铣左、右两侧台阶，保证尺寸精度、几何精度和表面质量符合图样要求	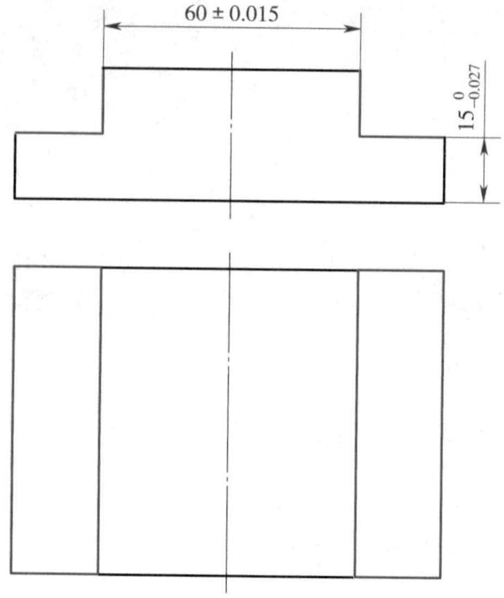 60 ± 0.015；$15^{\ 0}_{-0.027}$
3.铣削凹槽		用 ϕ16 mm 立铣刀粗、精铣凹槽，保证尺寸精度、几何精度和表面质量符合图样要求	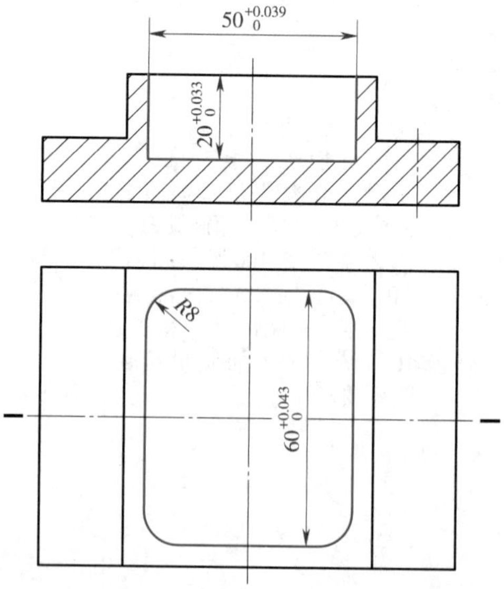 $50^{+0.039}_{\ 0}$；$20^{+0.033}_{\ 0}$；R8；$60^{+0.043}_{\ 0}$

续表

工序	工步	加工内容	图示
4. 钻孔		用 ϕ9.8 mm 麻花钻钻 4 个 ϕ10H7 孔的底孔，保证位置精度符合图样要求	A—A 4×ϕ9.8 A 50±0.019 80±0.023
5. 铰孔		用 ϕ10H7 铰刀铰 4 个 ϕ10H7 孔，保证尺寸精度、几何精度和表面质量符合图样要求	A—A 4×ϕ10H7 A 50±0.019 80±0.023
6. 检验		按零件图样尺寸进行检验	

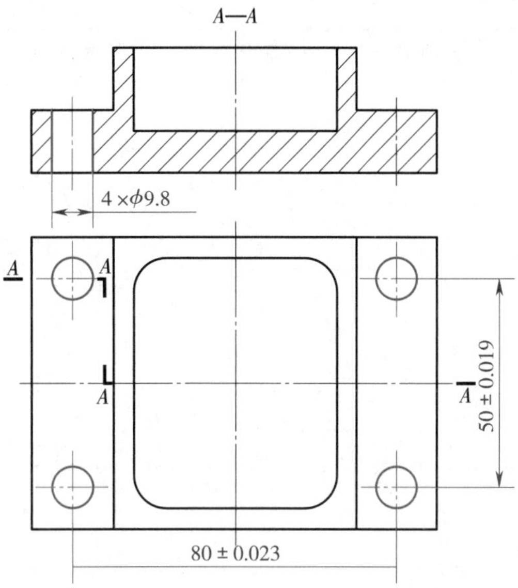

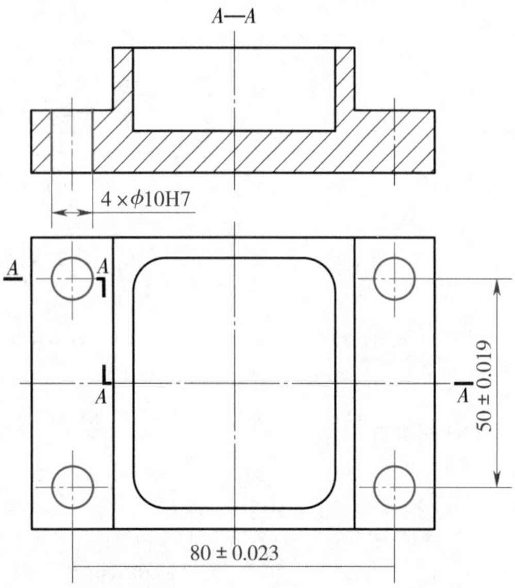

三、加工质量检测

表 15–2 为端盖加工质量检测表。

表 15–2　　　　端盖加工质量检测表

序号	考核项目	配分	考核内容及要求	评分标准	检测结果	得分
1	主要尺寸（73 分）	5	$100_{-0.035}^{0}$ mm	超差不得分		
2		5	$70_{-0.030}^{0}$ mm	超差不得分		
3		5	$30_{-0.021}^{0}$ mm	超差不得分		
4		5	$15_{-0.027}^{0}$ mm	超差不得分		
5		5	$20_{0}^{+0.033}$ mm	超差不得分		
6		4	$50_{0}^{+0.039}$ mm	超差不得分		
7		4	$60_{0}^{+0.043}$ mm	超差不得分		
8		4	（80 ± 0.023）mm	超差不得分		
9		4	（50 ± 0.019）mm	超差不得分		
10		4	（60 ± 0.015）mm	超差不得分		
11		4 × 2	ϕ 10H7（4 处）	超差不得分		
12		4	⌯ 0.04 *C*	超差不得分		
13		4	⌯ 0.03 *B*	超差不得分		
14		2 × 4	// 0.04 *A*（2 处）	超差不得分		
15		4	⌯ 0.04 *B*	超差不得分		
16	次要尺寸（4 分）	4 × 1	*R*8 mm（4 处）	超差不得分		
17	表面粗糙度（10 分）	4 × 1	*Ra*1.6 μm（4 处）	降级不得分		
18		12 × 0.5	*Ra*3.2 μm（12 处）	降级不得分		
19	主观评分（10 分）	3.5	已加工零件倒钝锐边、去毛刺符合图样要求，否则不得分			
20		3.5	已加工零件无划伤、碰伤和夹伤，否则不得分			
21		3	已加工零件与图样外形一致，否则不得分			
22	更换或添加毛坯（3 分）	3	更换或添加毛坯不得分			

续表

序号	考核项目	配分	考核内容及要求	评分标准	检测结果	得分
23	职业素养	倒扣分	能正确穿戴工作服、工作鞋、安全帽和防护眼镜等个人防护用品，每违反一项倒扣 2 分			
24			能规范使用设备、工具、量具和辅具，每违反操作规范一次倒扣 2 分			
25			能做好设备清理、保养工作，未清理或未保养倒扣 3 分，清理或保养不彻底倒扣 2 分			
总配分		100	总得分			

附　录

附表 1　　学习任务分析表

序号	工作内容分析							学习内容分析	
	工作步骤	工作内容	工作成果	工作要求	工作方法	工具、材料、设备	劳动组织形式	理论和实践知识	职业素养

附表 2

教学活动策划表

<table>
<tr><td colspan="2">学习任务名称</td><td colspan="4"></td><td>学时</td><td colspan="2"></td></tr>
<tr><td>序号</td><td>学习环节与学时</td><td>学习目标</td><td>学习步骤</td><td>学习内容</td><td>学生活动</td><td>教师活动</td><td>学习成果</td><td>学习资源</td></tr>
<tr><td></td><td></td><td></td><td></td><td></td><td></td><td></td><td></td><td></td></tr>
<tr><td></td><td></td><td></td><td></td><td></td><td></td><td></td><td></td><td></td></tr>
<tr><td></td><td></td><td></td><td></td><td></td><td></td><td></td><td></td><td></td></tr>
<tr><td></td><td></td><td></td><td></td><td></td><td></td><td></td><td></td><td></td></tr>
<tr><td></td><td></td><td></td><td></td><td></td><td></td><td></td><td></td><td></td></tr>
<tr><td></td><td></td><td></td><td></td><td></td><td></td><td></td><td></td><td></td></tr>
</table>

附表 3 学生自我评价表

班级：____________ 学生姓名：____________ 学号：____________

评价项目	评价内容	评价标准			得分
		偶尔	经常	完全	
知识与技能	能独立获取任务信息，明确工作任务内容与要求，制订工作计划	0 ~ 2	3 ~ 4	5 ~ 7	
	能认真听讲，根据任务要求，合理编制加工工艺	0 ~ 2	3 ~ 4	5 ~ 7	
	能主动参与角色分工、扮演，尽心尽责全程参与工作任务	0 ~ 2	3 ~ 4	5 ~ 7	
	观看微课、课件和教师示范操作，能进行刀具、工件的正确装夹并对刀	0 ~ 2	3 ~ 4	5 ~ 7	
	能规范、有序地进行零件的加工	0 ~ 4	5 ~ 7	8 ~ 10	
	能通过小组协作，选用合适的量具对零件进行检测	0 ~ 2	3 ~ 4	5 ~ 7	
职业素养	能按时出勤，规范着装。遵守课堂纪律，不做与学习任务无关的事情	0 ~ 2	3 ~ 4	5 ~ 7	
	能善于发现并勇于指出操作人员的不规范操作	0 ~ 2	3 ~ 4	5 ~ 7	
	能主动分析、思考问题，积极发表对问题的看法，提出建议，解决问题	0 ~ 4	5 ~ 7	8 ~ 10	
	能主动参与并服从团队安排，互助协作，分享并倾听意见，反思总结，完善自我	0 ~ 2	3 ~ 4	5 ~ 7	
	能保持认真细致、精益求精的工作态度	0 ~ 4	5 ~ 7	8 ~ 10	
	能积极参与汇报工作（汇报人需表述清晰、专业术语准确，非汇报人协助整合汇报资料和方案）	0 ~ 2	3 ~ 4	5 ~ 7	
	能遵守实训车间环境卫生要求	0 ~ 2	3 ~ 4	5 ~ 7	
	任务总体表现（总评分）				

附表 4 组内工作过程互评表

学习任务名称	班级	姓名	学号

序号	评价内容	评价标准			得分
		偶尔	经常	完全	
1	能主动完成教师布置的任务和作业	0 ~ 4	5 ~ 7	8 ~ 10	
2	能认真听教师讲课，听同学发言	0 ~ 4	5 ~ 7	8 ~ 10	
3	能积极参与讨论，与他人良好合作	0 ~ 4	5 ~ 7	8 ~ 10	
4	能独立查阅资料、观看微课，形成意见文本	0 ~ 4	5 ~ 7	8 ~ 10	

续表

序号	评价内容	评价标准			得分
		偶尔	经常	完全	
5	能积极地就疑难问题向同学和教师请教	0 ~ 4	5 ~ 7	8 ~ 10	
6	能积极参与小组合作，并指出同学在操作中的不规范行为	0 ~ 4	5 ~ 7	8 ~ 10	
7	能规范操作铣床进行零件加工	0 ~ 4	5 ~ 7	8 ~ 10	
8	能在正确测量后耐心、细致地修调加工参数，保证零件质量	0 ~ 4	5 ~ 7	8 ~ 10	
9	能按车间管理要求规范摆放工具、量具、刃具，整理及清扫现场	0 ~ 4	5 ~ 7	8 ~ 10	
10	能认真总结和反思任务实施中出现的问题	0 ~ 4	5 ~ 7	8 ~ 10	
任务总体表现（总评分）					

附表 5　　组间展示互评表

学习任务名称		班级	组名		汇报人
序号	评价内容	评价标准			得分
		否	部分	是	
1	展示的零件是否符合技术标准	0 ~ 4	5 ~ 7	8 ~ 10	
2	小组介绍成果表达是否清晰	0 ~ 4	5 ~ 7	8 ~ 10	
3	小组介绍的加工方法是否正确	0 ~ 4	5 ~ 7	8 ~ 10	
4	小组汇报成果语言逻辑是否正确	0 ~ 4	5 ~ 7	8 ~ 10	
5	小组汇报成果专业术语表达是否正确	0 ~ 4	5 ~ 7	8 ~ 10	
6	小组组员和汇报人解答其他组提问是否正确	0 ~ 4	5 ~ 7	8 ~ 10	
7	汇报或模拟加工过程操作是否规范	0 ~ 4	5 ~ 7	8 ~ 10	
8	小组的检测量具、量仪保养是否规范	0 ~ 4	5 ~ 7	8 ~ 10	
9	小组成员是否有团队合作精神	0 ~ 4	5 ~ 7	8 ~ 10	
10	小组汇报展示的方式是否新颖（利用多媒体等手段）	0 ~ 4	5 ~ 7	8 ~ 10	
任务总体表现（总评分）					
小组汇报中存在的问题和建议					

附表 6 **教师评价表**

评价项目	评价标准	教师评价（占总评 50%）			
		偶尔	经常	完全	得分
承担职责	能主动参与角色分工、扮演，尽心尽责全程参与工作任务	0 ~ 4	5 ~ 7	8 ~ 10	
服从管理	能时刻服从组长和教师工作安排，积极完成工作	0 ~ 4	5 ~ 7	8 ~ 10	
独立思考	能独立发现问题，思考问题，积极发表对问题的看法，提出建议，解决问题	0 ~ 4	5 ~ 7	8 ~ 10	
团结互助	能主动交流、协作，完成零件的加工工艺制定	0 ~ 4	5 ~ 7	8 ~ 10	
规范意识	能按照车间操作规范进行操作，遵守设备使用要求，正确开、关设备，维持场地环境整洁	0 ~ 4	5 ~ 7	8 ~ 10	
严谨踏实	能认真、细致地按照加工工艺完成零件加工	0 ~ 4	5 ~ 7	8 ~ 10	
勇于表达	能善于发现并指出操作人员的不规范操作，并积极参与汇报	0 ~ 4	5 ~ 7	8 ~ 10	
质量意识	能对零件质量精益求精，达到最好加工结果	0 ~ 4	5 ~ 7	8 ~ 10	
反思总结	能反思、总结影响零件质量的因素	0 ~ 4	5 ~ 7	8 ~ 10	
自律自控	能控制自己，积极协作，全程参与工作过程	0 ~ 4	5 ~ 7	8 ~ 10	
总体意见					
任务总体表现（总评分）					